"十三五"职业教育国家规划教材

丛书顾问：倪阳生 张庆辉

服装工业制版实务

主　编　白嘉良　王雪梅

参　编　常　元　刘艳斌　张志宇

北京理工大学出版社
BEIJING INSTITUTE OF TECHNOLOGY PRESS

内 容 提 要

本书包括三部分内容，分别是服装工业制版基础、制版七大项目、服装工业制版基础资源包。本书对服装工业制版基础知识、基础技能进行了讲解，并安排了相关任务对各种类型的服装制版工作进行了全方位的演示，此外还提供了相应的资源包，对服装工业制版任务进行了知识补充。

本书可作为高职高专院校服装设计类专业的教材，也可作为服装与服饰设计相关从业人员的参考用书。

版权专有　侵权必究

图书在版编目（CIP）数据

服装工业制版实务 / 白嘉良，王雪梅主编. —北京：北京理工大学出版社，2020.1
（2020.2重印）
ISBN 978-7-5682-7759-4

Ⅰ.①服… Ⅱ.①白…②王… Ⅲ.①服装量裁－高等学校－教材 Ⅳ.①TS941.631

中国版本图书馆CIP数据核字（2019）第239647号

出版发行 / 北京理工大学出版社有限责任公司	
社　　址 / 北京市海淀区中关村南大街5号	
邮　　编 / 100081	
电　　话 / （010）68914775（总编室）	
（010）82562903（教材售后服务热线）	
（010）68948351（其他图书服务热线）	
网　　址 / http://www.bitpress.com.cn	
经　　销 / 全国各地新华书店	
印　　刷 / 天津久佳雅创印刷有限公司	
开　　本 / 889毫米×1194毫米　1/16	
印　　张 / 13	责任编辑 / 钟　博
字　　数 / 365千字	文案编辑 / 钟　博
版　　次 / 2020年1月第1版　2020年2月第2次印刷	责任校对 / 周瑞红
定　　价 / 42.00元	责任印制 / 边心超

图书出现印装质量问题，请拨打售后服务热线，本社负责调换

高等职业教育服装专业信息化教学新形态系列教材

编审委员会

丛书顾问

倪阳生　　中国纺织服装教育学会会长、全国纺织服装职业教育教学
　　　　　指导委员会主任
张庆辉　　中国服装设计师协会主席

丛书主编

刘瑞璞　　北京服装学院教授，硕士生导师，享受国务院特殊津贴专家
张晓黎　　四川师范大学服装服饰文化研究所负责人、服装与设计艺术
　　　　　学院名誉院长

丛书主审

钱晓农　　大连工业大学服装学院教授、硕士生导师，中国服装设计师
　　　　　协会学术委员会主任委员，中国十佳服装设计师评委

专家成员（按姓氏笔画排序）

马丽群	王大勇	王鸿霖	邓鹏举	叶淑芳
白嘉良	曲　侠	乔　燕	刘　红	孙世光
李　敏	李　程	杨晓旗	闵　悦	张　辉
张一华	侯东昱	祖秀霞	常　元	常利群
韩　璐	薛飞燕			

总序 PREFACE

服装行业作为我国传统支柱产业之一，在国民经济中占有非常重要的地位。近年来，随着国民收入的不断增加，服装消费已经从单一的遮体避寒的温饱型物质消费转向以时尚、文化、品牌、形象等需求为主导的精神消费。与此同时，人们的服装品牌意识逐渐增强，服装销售渠道由线下到线上再到全渠道的竞争日益加剧。未来的服装设计、生产也将走向智能化、数字化。在服装购买方式方面，"虚拟衣柜""虚拟试衣间"和"梦境全息展示柜"等3D服装体验技术的出现，更是预示着以"DIY体验"为主导的服装销售潮流即将来临。

要想在未来的服装行业中谋求更好的发展，不管是服装设计还是服装生产领域都需要大量的专业技术型人才。促进我国服装设计职业教育的产教融合，为维持服装行业的可持续发展提供充足的技术型人才资源，是教育工作者们义不容辞的责任。为此，我们根据《国家职业教育改革实施方案》中提出的"促进产教融合　校企'双元'育人"等文件精神，联合服装领域的相关专家、学者及优秀的一线教师，策划出版了这套高等职业教育服装专业信息化教学新形态系列教材。本套教材主要凸显三大特色：

一是教材编写方面。由学校和企业相关人员共同参与编写，严格遵循理论以"必需、够用为度"的原则，构建以任务为驱动、以案例为主线、以理论为辅助的教材编写模式。通过任务实施或案例应用来提炼知识点，让基础理论知识穿插到实际案例当中，克服传统教学纯理论灌输方式的弊端，强化技术应用及职业素质培养，激发学生的学习积极性。

二是教材形态方面。除传统的纸质教学内容外，还匹配了案例导入、知识点讲解、操作技法演示、拓展阅读等丰富的二维码资源，用手机扫码即可观看，实现随时随地、线上线下互动学习，极大满足信息化时代学生利用零碎时间学习、分享、互动的需求。

三是教材资源匹配方面。为更好地满足课程教学需要，本套教材匹配了"智荟课程"教学资源平台，提供教学大纲、电子教案、课程设计、教学案例、微课等丰富的课程教学资源，还可借助平台组织课堂讨论、课堂测试等，有助于教师实现对教学过程的全方位把控。

本套教材力争在职业教育教材内容的选取与组织、教学方式的变革与创新、教学资源的整合与发展方面，做出有意义的探索和实践。希望本套教材的出版，能为当今服装设计职业教育的发展提供借鉴和思路。我们坚信，在国家各项方针政策的引领下，在各界同人的共同努力下，我国服装设计教育必将迎来一个全新的蓬勃发展时期！

高等职业教育服装专业信息化教学新形态系列教材编委会

前言

中国的服装产业高速发展,由单纯的生产加工型向品牌开发型转化,并且步入了高度信息化的快车道,使服装制版教育也不得不迈出新的步伐。服装工业制版是成衣工业重要的技术环节和设计环节,在服装加工中起到承上启下的作用。基于此,着眼于对服装制版人才的培养,助推长效人才培养机制的形成,我们编写了本书。

本书的创新之处如下:

(1)引入PDCA多重循环机制,这是一种能使任何一项活动有效进行的合乎逻辑的工作程序,可让学生在循环学习中提升工作技能。

(2)建立教学理念、知识灌输和关键性技能培养领先行业半步机制,为培养高规格技术技能型人才打好基础。

(3)以"二高"(高规格、高效率)原则为编写理念,理论联系实际,对技术与技能、技能与经验、训练与实战加以区分,通过实际任务,对学生进行技术的灌输、基本技能的培养。

(4)建立"双反复"培养理念,即"反复训练提升技能,反复修改提升品质",明确"培养技能"和"制造产品"的区别,将产品制造的工作过程作为技能培养的载体。

本书试图起到服装工业制版操作手册的作用,主要以七款服装类型为主干,从版型设计、打版和推档几个方面进行项目安排。书中注入了最新的版型设计理念,利用大量的图片来进行操作说明,并且在工业样版的细节处理上力求源于企业、优于企业,以便对院校学生以及服装设计者学习相关的技术进行有效的指导。

本书采用了"任务单"编写模式。每个子任务均设计了"工作任务单",明确任务内容和技术要求,然后针对"任务单"阐述"任务攻略",具有"操作手册"般"简明实用"的特色。除此之外,本书还将与工业化成衣制版并行的"定制制版"纳入训练项目,既拓宽了适用口径,又能使学生更好地掌握工业化制版的关键性知识和技能。

由于编者水平有限,书中难免存在疏漏之处,恳请各位专家、读者批评指正。

编 者

目录

01 第一部分 服装工业制版基础

项目一 服装工业制版基础知识 \\ 002
子项目一 服装工业制版的相关概念 \\ 002
子项目二 服装工业制版与服装定制裁剪 \\ 004
子项目三 服装工业样版分类 \\ 007
子项目四 服装工业制版的工具和用品 \\ 009

项目二 服装工业制版基础技能 \\ 012
子项目一 服装工业制版与面料性能 \\ 012
子项目二 服装工业推档 \\ 015
子项目三 工厂成衣制版的注意事项 \\ 021
子项目四 服装工业制版基础技能训练 \\ 024

02 第二部分 制版七大项目

项目一 裙子工业制版 \\ 030
子项目一 时装裙设计版制作 \\ 031
子项目二 裙子生产版制作 \\ 039
子项目三 裙子 CAD 制版 \\ 045
子项目四 裙子定制制版 \\ 050

项目二 裤子工业制版 \\ 053
子项目一 时装裤设计版制作 \\ 053
子项目二 裤子生产版制作 \\ 061
子项目三 裤子 CAD 制版 \\ 068
子项目四 裤子定制制版 \\ 073

项目三 衬衫工业制版 \\ 076
子项目一 时装衬衫设计版制作 \\ 076
子项目二 衬衫生产版制作 \\ 083
子项目三 衬衫 CAD 制版 \\ 096
子项目四 衬衫定制制版 \\ 100

项目四 夹克工业制版 \\ 104
子项目一 时装夹克设计版制作 \\ 104
子项目二 夹克生产版制作 \\ 110
子项目三 夹克 CAD 制版 \\ 119

项目五 西服工业制版 \\ 124
子项目一 西服设计版制作 \\ 125
子项目二 西服生产版制作 \\ 129
子项目三 西服 CAD 制版 \\ 143
子项目四 西服定制制版 \\ 151

项目六 大衣工业制版 \\ 155
子项目一 大衣设计版制作 \\ 155
子项目二 大衣生产版制作 \\ 163
子项目三 大衣 CAD 制版 \\ 171
子项目四 大衣定制制版 \\ 179

项目七 连衣裙工业制版 \\ 184
子项目一 衣身原型设计 \\ 184
子项目二 连衣裙版型结构设计 \\ 189
子项目三 连衣裙生产版制作 \\ 193
子项目四 连衣裙定制制版 \\ 198

03 第三部分 服装工业制版基础资源包

参考文献 \\ 202

第一部分
服装工业制版基础

项目一
服装工业制版基础知识

服装工业制版课程旨在培养服装企业服装制版的能力,在这之前需要作一系列的理论知识铺垫,因此有必要安排服装工业制版基础知识学习项目。本项目共有 4 个子项目,不同的院校可以根据实际情况选择安排。

子项目一　服装工业制版的相关概念

知识目标　学习服装工业制版领域的专有名词,对易混淆的说法进行规范。
能力目标　用清晰准确的文字和语言描述相关领域的名词和概念。
素质目标　用词考究,尽量提升知识结构,更好地体现服装工业制版的文化含量。

目前在服装行业和教学领域里,一些专业术语的使用尚须进一步规范,还有些术语过分脱离生活,很多术语的使用至今仍有很大的争议。这些概念平时经常出现在文献中,很容易发生读写的混淆,如果长期得不到统一,必将对专业的学习产生负面影响。所以,本课程专门安排相应环节来重点研究这方面的问题。

一、"版"与"板"

"版"字与"板"字在多部词典中都有通用的解释,另外"版"字在日常生活中的使用率也比较高,为此进行了教师队伍的集体讨论和研究,并在网上广泛征求业内人士的意见。在网上调查发音为"dǎbǎn"的词组,有近 50% 的人认同"打版",超过 50% 的人认同"打板"。

为了更好地传递专业信息,本课程将一些与"板"和"版"有关的概念进行了归纳,希望大家注意区分。

（一）样版

样版指的是按照特定的服装裁剪方法制作得到的可以用来作为批量裁剪及缝制模板的样片，可以是纸质或其他材质，使用"版"字，读音一般儿化。有的地区把样版称为"纸样"，有的书中称之为"版型"。

（二）版型

样版（纸样）的外观造型，或者样版结构设计的风格，一般称为"版型"。在本课程中，一般不再提"结构"一词。

（三）制版

进行服装工业样版制作这项工作本身，如果有样版结构设计的含量，就是一种很正规的工作内容，使用"版"字，称"制版"。如果是单纯的样版制作，没有样版结构设计的含量，就称作"打版"。服装工业制版是设计、制作合乎款式要求、面料要求、规格尺寸和工艺要求的一整套利于裁剪、缝制、后整理的样版的过程。

（四）制板

制板是"制版"的口头或非正式表述形式，或者指不含结构设计内容的样版制作工作。为了避免造成混淆，本书不使用这个词。

（五）推板

推板是指按照特定的规律进行系列化样版制作的工作，经常被称为"推档"或"样版放缩"。本书为了防止混淆，尽量避免使用"推板"一词，一律使用"推档"。

（六）打版

打版是"制版"的口头或非正式表述形式，或者指不含版型设计内容的样版制作工作，使用"版"字，读音一般儿化，本书中不出现"打板"字样。打版不包含系列化样版制作，即不包含推档工作。

（七）拓版（板）

拓版俗称"扒版"或"驳样"，一般是指将市场上销量好的服装进行仿制，其中关键的操作就是样版的仿制。如果仿制得非常到位，保持了原版的风格，可以使用"版"字，如果是简单仿制，丢失了原版的精髓，就应该用"板"字。该操作只适合教学使用，在生产中使用则有抄袭之嫌。"板"和"版"的相关概念见表1-1-1。

表1-1-1 "板"和"版"的相关概念

概念	主要词性	结构设计成分	系列化制作成分	本书是否采用
样版	名词	×	√	√
版型	名词	√	×	√
制版	动词，名词	√	√	√
制板	动词，名词	×	√	×
推板	动词，名词	×	√	×
打版	动词，名词	×	×	√
拓版	动词	×	×	√

从表 1-1-1 中不难看出，只有"制版"一词才是外延更大的概念。

当然，为了防止出现混乱，也可以一律使用"版"字，本书就是为了避免混乱，才选择用"版"字彻底换掉了"板"字。

二、"颡"与"省"

此外，本书还涉及服装专用字"省"的概念。经过多次到企业考察，并且参考了大量的文献资料，确认该字读 sǎng 音，并且使用了"颡"这个字来替代"省"，以免造成误读。为了方便服装从业人员今后进一步沟通，建议有误读习惯的读者纠正此发音。

与"省"字有关的词有"省道、肩省、腰省、袖窿省、省缝……"在书中作"颡道、肩颡、腰颡、袖窿颡、颡缝……"。

三、身高

过去国家标准大典中曾经规定了"身高"的概念，指的是直立人体第七颈椎点到脚下的垂直距离，而把头顶到脚底的距离称为"总体高"。这与大众在日常生活中认定的概念不同，在生活中，人们认为身高指的就是人的总体高。考虑到身高这个概念容易造成混淆，故此强调说明：本书中所提到的"身高"指的就是头顶到脚底的距离，不再提"总体高"。

四、比例

本书中提到的"比例"，指的是量和量之间的比值关系，数学表达式是 $y=ax$，这是用来计算部位尺寸变量的计算公式。有些部位的计算公式，变量之间不是这种单纯的比例关系，这些公式统称为数学模型。本书中为了避免混淆，慎重使用"比例"这个词，而用"真比例"一词取代。

子项目二　服装工业制版与服装定制裁剪

知识目标　掌握服装工业制版和服装定制裁剪的定义。
能力目标　能够说清楚服装工业制版与服装定制裁剪的本质区别。
素质目标　关心服装行业状况；对我国服装工业制版未来的发展有使命感。

一、服装定制裁剪样版

服装工业制版与服装定制裁剪最大的区别在于研究对象不同。人们通常看到的个体服装加工就是服装定制裁剪，属于单裁单做的范畴。它研究人体对服装的直接影响，要求服装满足人体的造型要求，对单独的个体服装进行裁剪与制作。而服装工业制版研究的对象是大众化的人，具有普遍性。

定制裁剪因为对服装的合体性考虑较多，因此测量的人体部位也较多，在操作时要设置各个部位的松量，然后根据成品规格进行具体衣片的尺寸处理。

从原理上讲，测量人体的部位越多，根据这些部位进行裁剪的服装合体程度越高。过去我国民间采用的短寸裁剪法就是本着这个指导思想来从事操作的。但是，人们不可能通过测量得到人体所有部位的尺寸，除了少数几个起主要控制作用的关键部位（即主控部位）需要通过测量得到其实际尺寸数据以外，其他部位可以通过数学模型推算得到。

主控部位的选取数量要视人体体态的特殊程度而定。对于普通的人体来说，只需要 3~4 个主控部位就可以进行裁剪制图了，即使采用一个控制部位尺寸（如胸围或身高）也可以轻松进行裁剪制图。

由于生活中的人体较标准体还存在一定的偏差，因此很少采用 3 个以下的主控部位来进行裁剪制图，一般都采用 5~7 个甚至更多的主控部位，有些裁缝师傅甚至量取 20 多个主控部位。可以说，定制裁剪最大限度地体现了个体之间的体态差异性。

定制裁剪采用的制作方式是裁缝师傅绘制出样版后，再裁剪、假缝、修正，最后通过缝制得到成品；有的定制裁剪省略了制版的过程，直接在布料上画样，其他工序则一样，这种做法在民间称为直裁。这些过程基本上由一个人完成，有些细节如部件的裁剪需要根据具体情况分别处理。

二、服装款式和版型的本质区别

可以说，版型是根据款式来定的，如果做内衣款式就做内衣版型，如果做衬衫款式就做衬衫版型，如果做的是无领款式，就要在结构上把领子去掉；如果做的是无肩无袖款式，就要在结构上把腋下以上都去掉；如果做宽松的款式，版型就相应增加各个部位的数据。但是，同样的款式，在版型上会有不同风格的区别。如西服，同样是平驳头单排两粒扣的款式，就有意大利风格、法国风格和日本风格的版型区分。也就是说，款式是外延比较大的概念，而版型则是外延比较小的概念。一般正常服装版型参考国际标准的数据，各个服装企业又在此基础上有自己的更细的数据。

很多从事技术工作的朋友言必称版型，但版型的本质却很难界定。其实，版型的本质是比例。某一个版型的服装，其各个部位的面积、长度尺寸数据等应该存在特定的比例关系。例如，男西服的前胸围与整个胸围（B）的比值非常接近 0.22，马面宽度与整个胸围（B）的比值非常接近 0.09，而后片的宽度与整个胸围（B）的比值非常接近 0.19。于是，可以采用 $0.22B$、$0.09B$ 和 $0.19B$ 来进行这类服装的版型设计。改变这些比例数，其实就是改变了版型的风格。

版型不是死的，版型可以按照设计师的需要灵活变化，变化的过程就是创造的过程。可以说，版型设计是服装设计师要完成的工作之一。一个合格的服装设计师，不但要完成款式设计，还要完成版型设计。版型设计使服装设计师的设计构思更加细腻和丰满。一个只会进行款式设计而不会进行版型设计的服装设计师，其实不是真正意义上的服装设计师，充其量只能称为款式设计师。

因此可以说，款式限定了版型，版型的变化要在款式允许的范围内进行。款式属于服装款式设计师要解决的问题，版型丰富了款式，版型属于服装版型设计师（打版师）要解决的问题。

虽然很多消费者对版型与款式的区别的认识是模糊的，但都有一个不错的直觉。他们在逛商场时，很清楚自己到底是在选择版型还是在选择款式。其实，从心理上来说，没有人不关心版型，但从经济承受能力上来说，款式才是确定一个消费者能否被时尚所淘汰的底线。可以这么说：消费档次比较高的人关注的焦点是版型，而消费档次比较低的人关注的焦点仅仅是款式。

当然，消费者关心的其实不仅有版型和款式，还有色彩、面料、做工质量等因素。其实，消费者最关心要选购的服装是不是知名品牌。一个知名品牌的款式、版型、色彩、面料、做工质量、企业文化等因素都应该是有讲究的。

三、服装工业制版

服装工业制版是建立在批量测量人体并加以归纳总结得到的系列数据基础上的裁剪方法。它能最大限度地保持群体体态的共同性与差异性的对立统一。

服装工业化生产通常都是批量生产，从经济角度考虑，厂家希望能用最少的规格覆盖最多的人群。但是，规格过少意味着抹杀群体的差异性，因此要设置较多数量的规格，制成规格表。值得指出的是，规格表中的大部分规格都是归纳过的，是针对群体而设的，并不能很理想地适合个体，只可以一定程度地适合个体。在服装生产过程中，每个规格的衣片要靠一套标准样版作为裁剪的依据。这些成系列的标准样版就是工业裁剪样版。成衣化工业生产是由许多部门共同完成的，这就要求服装工业制版详细、准确、规范，尽可能配合默契、一气呵成。例如，缝制一条标准的牛仔裤（通常又称为501裤）需要的裁剪样版有前片、前袋垫、表袋、前大袋片、前小袋片、门襟、里襟、后片、后育克（后翘）、后贴袋、腰头和裤袢（串带）共12片，缺一不可，否则裁剪车间就不能顺利地进行画样、排料和裁剪，这将给正常的生产造成影响。

在质量上，服装工业样版应严格按照规格标准、工艺要求进行设计和制作，裁剪样版上必须标有样版绘制符号和样版生产符号，有些还要在工艺单中详细说明。服装工艺样版上有时标记胸袋和扣眼等的位置，这些都要求裁剪和缝制车间完全按样版进行生产，以保证同一尺寸的服装规格如一。而单裁单做由于是一个人独立操作，就没有这些标准化、规范化的要求。

四、工业化成衣的包容性

首先，重新认识"合体"的概念。

"合体"这个概念具有相当大的不确定性。实际上，工业生产的大部分服装只是做到了基本合体，所谓"基本"的意思是大体上、差不多。从审美上看，很难想象一件紧箍在身上的服装会给人带来美感，几乎所有的非针织类服装与人体之间都存在着间隙，服装需要与人体保持一定的间隙。这些间隙还可以为人体创造一个小的体外环境，营造一个小气候，人穿着会感到舒适。同时，由于非针织类面料的伸缩性能有限，只能靠足够的宽松量来满足人体运动造成的体表变形，并且方便人们的运动。本书涉及的服装基本上是与人体有一定大小放松量的。因此，从满足审美需求和舒适需要以及运动需要的角度来说，片面地强调合体显然是不妥的。

服装厂商的商业活动更增加了"合体"概念的神秘色彩。许多促销人员都在渲染自己经营的服装的合体性，唯一的根据是大多数人试穿了其服装都"比较合体"。其实，促销人员在有意无意之中调换了"合体"的概念：对消费者宣传时讲的"合体"不是很严谨的概念，而试穿时人们看到的"合体"也是非确定性的概念。这种使用含糊概念的习惯，不仅容易使消费者陷入困惑，同时也容易让很多服装厂商本身在技术上满足现状。

人们知道，人体是有高、矮、胖、瘦的区别的，如果真的是大多数人试穿了某服装都严格地合体，那么只有一种可能——该服装有无数多个规格。事实上服装企业不可能对任何一种类型的服装制定无数个规格。所有服装企业在制定服装规格的出发点上几乎没有什么分别，都是"用尽可能少的规格，覆盖尽可能多的人体"。有限的服装规格，预计覆盖的人体越多，对合体要求的标准反而越低。

人们经常会在商场里遇到这样的场面，一些体形有很大区别的人先后试穿同一件服装，摊柜的业主都会极力地渲染说："太合体了，简直就像是给你量身定做的一样。"是不是业主的商人本性使得他在搞欺诈呢？不是，而是服装本身具有一种以往不被人们注意的属性——包容性。

包容性是指某一件服装能够适合的人体体型变化范围大小（包括高、矮、胖、瘦）。换句话说就是：一件服装能够适合多少不同体型的人来穿着。如果一件服装的可穿着人体比较多，就说明它的包容性比较大。

服装的包容性是因服装种类的不同而不同的。例如，一件防寒大衣的包容性一般比较大，可以被对应身高段的各种体态的人穿着，甚至连身高也有一定的跨度；而一件旗袍的包容性就比较小，只可以被身高、三围、体态很接近的女子穿着。这就是为什么防寒大衣一般只设很少的几个规格，且每个规格可以大量生产，而旗袍要设许多个规格，每个规格只能少量或单件生产。

服装的包容性主要是由服装的放松量大小决定的，可以近似地认为与放松量的大小成正比。可见，前面一直被人们经常谈起的"合体"概念，客观上就是包容性。

许多人都有这样的体验：两年前自己比较消瘦时，周围的人都说自己穿的西服合体，而两年后自己已经明显发胖，周围的人仍然称自己身上的同一件西服合体。有更多的人购买或者定做了服装，一穿就是多年，尽管自己的体形在不断地变化，也一直没有感觉不合体。这说明服装还表现在对同一人体在时间上的包容性。

建立了服装包容性的概念，就意味着服装可以不用苛刻地追求合体。是不是这样一来，人们就可以随意地设定服装规格了呢？也不是。有另一方面是要严格追求的，那就是塑形，即塑造人的形体、美化人的形体，或者为了弥补大部分人体或多或少的缺陷。

工业化成衣不但要考虑服装的合体性，还要考虑服装的包容性，也就是要考虑对人群的覆盖性。

要很好地解决服装对人群的覆盖性问题，首先就应该对人群的分布规律有所了解，最有效的办法就是对人群进行科学的分类。通过数理统计了解特定地区不同类型人群的分布比例，就可以用该数据指导企业的生产数量。

世界上很多国家对人群的分类方法都是不同的，我国目前采取的是服装号型分类法。

服装号型分类法按照胸围与腰围的差值，把人群划分成 Y、A、B、C 四种类型，每种类型的人群有身高及胖瘦方面的变化。这些变化的规律一般要测量大量的数据才可以得到，由于我国目前不太可能测量足够多的人群，所以根据统计归纳得到的规律大多是化零取整的，对制定服装尺寸规格只能起到有限的指导作用。

与此同时，我国学者还研究出号模的人群分类方法。该方法是按照人体围度与高度的比值来划分人群，在宏观方面把人群划分成纤细体、苗条体、正常体、丰满体和肥胖体五大类型（肥胖体根据肥胖程度又包括多种类型），分别用 X、Y、A、B、C……来表示。每一种类型的人群都有身高的不同，可以对系列样版的推放提供指导。

子项目三　服装工业样版分类

知识目标　掌握服装工业样版的具体分类方法。

能力目标　能够正确识别服装工业样版的各种类型。

素质目标　懂得学习目标要主次分明，讲究效率。

服装工业样版在整个生产过程中都要使用，只不过使用的样版种类不同，图 1-1-1 所示是工业样版的分类。

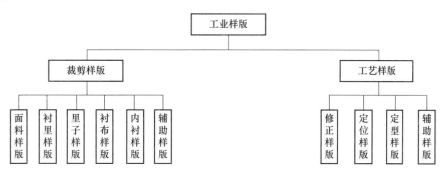

图 1-1-1　工业样版的分类

一套在规格上有从小到大变化的系列服装工业样版，应在保证款式版型的原则下，结合面料特性，裁剪、缝制、整烫等工艺条件，做到既科学又符合规范。由图1-1-1可知，工业样版主要分成裁剪样版和工艺样版两类。

一、裁剪样版的细分

成衣生产中裁剪用的样版主要是确保批量生产中同一规格的裁片大小一致，使该规格所有的服装在整理结束后各部位的尺寸与规格表上的尺寸相同（允许有符合标准的公差），相互之间的款型一样。

（1）面料样版。通常是指衣身的样版，多数情况下有前片（含分割各片）、后片（含分割各片）、袖子（含分割各片）、领子（含分割各片）、过面（含分割各片）和其他小部件样版，如袖头（克夫）、袋盖、袋垫布等。这些样版要求版型准确，样版上标识正确清晰，如布纹方向、倒顺毛方向等。面料样版一般是加有缝份或折边等的毛样版。

（2）衬里样版。衬里样版与面料样版一样大，在车缝或敷衬前，把它直接放在大身下面，用于遮住有网眼的面料，以防透过薄面料可看见里面的结构，如颚道和缝份。通常面料与衬里一起缝合。衬里常使用薄的里子面料，衬里样版为毛样版。

（3）里子样版。里子样版很少有分割的，一般有前片、后片、袖子和片数不多的小部件，加里袋布等。里子样版的缝份比面料样版的缝份大 0.5~1.6 cm，在有折边的部位（下摆和袖口等），里子样版比衣身样版短一个折边宽。因此，就某片里子样版而言，多数部位边是毛版，少数部位边是净版。如果里子上还缝有内衬，里子样版比没有内衬的要稍大。

（4）衬布样版。衬布有有纺或无纺、可缝或可粘之分。应根据不同的面料、不同的使用部位、不同的作用效果，有选择地使用衬布。衬布样版有时使用毛样版，有时使用净样版。

（5）内衬样版。内衬介于大身与里子之间，主要起到保暖的作用。毛织物、絮料、起绒布、法兰绒等常用作内衬，由于它通常衍缝在里子上，所以内衬样版比里子样版稍大些，前片内衬样版由前片里子和过面两部分组成。

（6）辅助样版。这种样版比较少，它只起到辅助裁剪的作用，如在夹克衫中经常要使用橡筋，由于它的宽度已定，松紧长度则需要计算，根据计算的长度，绘制一样版作为橡筋的长度即可。辅助样版多数使用毛样版。

二、工艺样版的细分

工艺样版主要用于缝制加工过程和后整理环节中。通过它可以使服装加工顺利进行，保证产品规格一致，提高产品质量。

（1）修正样版。它主要用于校正裁片。例如，在缝制西服之前，裁片经过高温加压粘衬后，会发生热缩等变形现象，导致左、右两片不对称，这就需要用标准的样版修剪裁片。修正样版保持与裁剪样版的形状一样。

（2）定位样版。它有净样版和毛样版之分，主要用于半成品中某些部件的定位，如衬衫上胸袋和扣眼等的位置确定。在多数情况下，定位样版和修正样版两者合用；而锁眼钉扣是在后整理中进行的，所以扣眼定位样版只能使用净样版。

（3）定型样版。它只用在缝制加工过程中，保持款式某些部位的形状，如牛仔裤的月牙袋、西服的前止口、衬衫的领子和胸袋等。定型样版使用净样版，缝制时要求准确，不允许有误差。定型样版应选择较硬而又耐磨的材料。

（4）辅助样版。它与裁剪样版中的辅助样版有很大的不同，只在缝制和整烫过程中起辅助作用，如在轻薄的面料上缝制暗裥后，为了防止熨烫时正面产生褶皱，在裥的下面衬上窄条，这个窄条就是起辅助作用的样版。有时在缝制裤口时，为了保证两只裤口大小一样，采用一条标准裤口尺寸的样版作为校正，这片样版也是辅助样版。

本书主要围绕面料净样版和毛样版来组织能力训练。以人体的实际测量尺寸或者系列规格尺寸绘制的直接反映版型特征的样版，称为净样版，净样版主要用于工艺辅助；而在净样版的轮廓线条的基础上，加放缝头、折边等缝制工艺所需要的量而画、剪打制出来的样版，称为毛样版，毛样版一般都作为裁剪样版。

子项目四　服装工业制版的工具和用品

知识目标　了解服装工业制版的常用工具和用品。
能力目标　能够熟练使用各种工具绘制符合企业要求的服装样版图线。
素质目标　勇于接受新技术、新工具，培养创新思维。

在服装工业制版中，虽然没有对制版工具作严格的规定，但制版人员必须有熟练使用工具的能力，常用的工具如下。

一、剪刀

服装制版人员首先要准备的工具就是专用剪刀，常用的规格有 25 cm（10 in[①]）、28 cm（11 in）和 30 cm（12 in）三种，其他种类的剪刀根据个人的习惯、爱好可灵活选用。除了国内传统的剪刀以外，市场上还可以购买到韩国和日本的可拆装式剪刀，见图 1-1-2。

图 1-1-2　剪刀

二、制版用纸

由于工业化生产的特点，制作样版需要一定的材料，并且要了解各种材料的作用，才能为制作高质量的样版打下良好的基础。

例如，打版纸使用的纸张一般都是专用的。因为在裁剪和后整理时，样版的使用频率较高，而且有些样版需要在半成品中使用，如口袋净样版用于扣烫口袋裁片。另外，样版的保存时间较长，以后有可能还要继续使用，所以样版的保形很重要，制版用纸必须有一定的厚度，有较强的韧性、耐磨性、防缩水性和防热缩性。这种打版纸的宽度一般为 1.5～2 m，长度以卷计，厚度为 1 mm 左右，许多加工外贸服装的企业使用的打版纸是进口纸张。除了纸张，有时还有其他一些材料需要使用。

对制作样版的材料，基本要求是伸缩性小、坚韧、表面光洁。服装样版用材料一般有以下几种。

（一）大白纸

大白纸只是样版的过渡性用纸，没有作为正式样版材料。

---

① 1 in=2.54 cm

（二）牛皮纸

牛皮纸宜选用 100～130 g/m² 规格。牛皮纸薄、韧性好、成本低、裁剪容易，但硬度不足。其适宜制作小批量服装生产的服装样版。

（三）裱卡纸

裱卡纸宜选用 250 g/m² 左右规格。裱卡纸纸面细洁，厚度适中，韧性较好。其适宜制作中等批量服装生产的服装样版。

（四）黄板纸

黄板纸宜选用 400～500 g/m² 规格。黄板纸较厚实、硬挺，不易磨损。其适宜制作大批量服装生产的服装样版。

（五）砂布

砂布适宜用作不易滑动的工艺样版材料。

（六）薄白铁片或铜片

薄白铁片或铜片适宜用作可长期使用的工艺样版材料。

值得说明的是，在服装 CAD 中，样版以文件方式保存在计算机中，存取非常方便，对纸张的要求没有前面的要求那么高。

学生在学习过程中可以使用克数不大的牛皮纸以及印刷用纸，最好不使用普通的图画纸，因为粗糙的质地很难保证图线的精准。

三、制版用尺

制版用尺有多种，常用的有直尺、三角尺、软尺和曲线尺。直尺的长度通常有 30 mm、60 mm、100 mm 和 120 mm 四种。三角尺有 45° 和 30° 两种角度，长度为 25～30 cm。这些尺子以有机玻璃的尺子为佳。软尺有厘米、市寸、英寸之分，工业制版中使用一面是厘米制另一面是英寸制的软尺。另外，应选择有防止热胀冷缩特性的软尺。

值得说明的是，目前市场上出售的各种形状的曲线尺，都是用来绘制样版曲线的，这些曲线尺是给没有画线基本功训练的打版人员准备的。本书不推荐在制版中使用曲线尺，因为服装与人体相关的曲线变化非常复杂，固定造型的曲线尺并不能很好地控制和设计曲线的造型。本书建议使用直线尺来拟合曲线，它可以使曲线光滑流畅并富有弹性，对于初学者来说，一定要加强这方面的训练，从而打下扎实的基本功。

目前已经开始上市的真比例服装制图打版尺（图 1-1-3）既可以测量曲线的弧长，又可以画平行线、直线等，具有精度高、免计算、柔韧性好以及透明度高等优点，本书推荐服装制版人员加以利用。

真比例服装制图打版尺是一种制图打版最新工具，比较适用于服装工业制版，其最大的优点是实现了制图过程的免计算，操作时只需按照服装各个部位特定的比例数（如 0.18、0.24 等），在专用的工具尺上找到相应的线段即可定出点位，从而进行快速的制图和裁剪。所用工具尺为三角板状，除了上面的主要功能外，还附有画直线、画角度线、准确量取弧线长以及以直代曲画弧线多种功能。关于本工具的具体使用，将在后面的实训环节里作进一步的介绍。关于该尺的使用，一直贯穿本书始终。编者建议结合长度为 60 cm 左右的条形尺使用，效果更好。

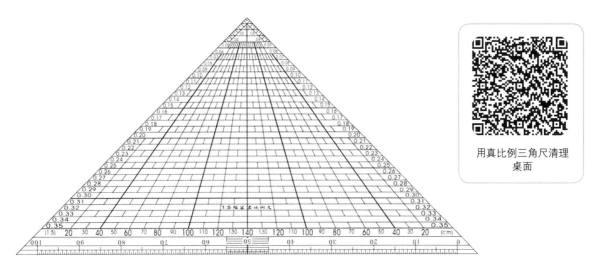

用真比例三角尺清理桌面

图 1-1-3　服装制图打版尺（真比例打版尺）

四、制版用笔

制版中可使用的笔很多，常用的有铅笔、蜡笔、碳素笔和圆珠笔，初学者及绘制母样版时，较多地使用铅笔；蜡笔则主要用于裁片的编号和定位，如把样版上的袋位复制在裁片上；碳素笔或圆珠笔多用于绘制裁剪线和推档。由于学习者的学习重点在版型图的绘制方面，所以本书推荐使用优质铅芯的自动铅笔（图 1-1-4），笔铅太细易断，笔铅太粗则影响制版精度，以 0.5 mm 为宜。

图 1-1-4　自动铅笔

五、制版用辅助工具

在工业制版中，使用较多的辅助工具有针管笔、花齿剪、对位剪（剪口钳，图 1-1-5）、描线器（滚轮器，图 1-1-6）、锥子、订书机、透明胶带、大头针、打孔器、工作台和人台等。这些工具的使用方法在许多相关的书中都有说明，在此不再赘述。

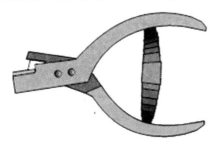

图 1-1-5　对位剪（剪口钳）　　　　　图 1-1-6　描线器（滚轮器）

项目二
服装工业制版基础技能

服装工业制版课程旨在培养服装企业服装制版的能力,因此有必要安排服装工业制版基础技能训练项目。本项目共有 4 个子项目,不同的院校可以根据自己的实际情况选择安排。

子项目一　服装工业制版与面料性能

知识目标　了解服装面料的理化性能对服装工业制版的影响。
能力目标　能够使用实验方法和公式方法对面料的缩量进行测量和计算。
素质目标　养成细心的习惯和统筹全局的意识,培养综合分析能力。

在成衣生产过程中,服装加工的工业样版基本上是使用纸板来制作系列样版的,但纸板与面料、里子、内衬和其他辅料在性能上有很大的不同,其中最重要的一个因素就是缩量。服装因各自选用的面料不同,缩量的差异很大,对成品规格将产生重大影响,而且制版用的纸板本身也存在自然的潮湿和风干缩量问题,因此,在绘制裁剪样版和工艺样版时必须考虑缩量,通常的缩量是指缩水率和热缩率,还要考虑缝合以后面料厚度产生的缩量。

一、缩水率

织物的缩水率主要取决于纤维的特性,如织物的组织结构、厚度、后整理和缩水的方法等。经纱方向的缩水率通常比纬纱方向的缩水率大。

下面介绍毛织物在静态浸水时缩水率的测定:

调湿和测量的温度为 20℃ ±2℃,湿度为 65% ±13%,试样的大小裁取长 30 cm 的全幅织物,将试样平放在工作平台上,在经向上至少作 3 对标记,纬向上至少作 5 对标记,每对标记要相应均匀分布，以使测量值能代表整块试样，操作步骤如下：

（1）将试样在标准大气压下平铺调湿至少 24 h。

（2）调湿后的试样无张力地平放在测量工作台上，在距离标记约 1 cm 处压上重 4 kg 的金属压尺，然后测量每对标记间的距离，精确到 1 mm。

（3）称取试样的重量。

（4）将试样以自然状态散开，浸入温度为 20℃~30℃的水中 1 h，水中加 1 g/L 烷基聚氧乙烯醚，使试样充分浸没水中。

（5）取出试样，放入离心脱水机内脱干，小心展开试样，置于室内，晾放在直径为 6~8 cm 的圆杆上，织物经向与圆杆近似垂直，标记部位不得放在圆杆上。

（6）晾干后试样移入标准大气中调湿。

（7）称取试样重量，织物浸水前调湿重量和浸水晾干调湿后的重量差异在 ±2% 以内，然后按第（2）步再次测量。

试样尺寸的缩水率为

$$S = \frac{L_1 - L_2}{L_1} \times 100\%$$

式中 S——试样尺寸的缩水率（%）；

  L_1——浸水前经向或纬向标记间的平均长度（mm）；

  L_2——浸水后经向或纬向标记间的平均长度（mm）。

$S > 0$ 表示织物收缩，$S < 0$ 表示试样伸长。

$$L_1 = \frac{L_2}{1 - S}$$

如果用啥味呢的面料缝制裤子，而裤子的成品规格裤长是 100 cm，经向的缩水率是 3%，那么，样版的裤长

$$L = \frac{100}{1 - 3\%} = \frac{100}{0.97} \approx 103 \, (\text{cm})$$

诸如其他织物，如缝制牛仔服装的织物，试样的量取类似毛织物的方法，而牛仔面料的水洗方法很多，如石磨洗、漂洗等，试样的缩水率根据实际的水洗方法来确定，但绘制纸板尺寸的计算公式还是采用上面的公式。

二、热缩率

织物的热缩率与缩水率类似，主要取决于纤维的特性、织物的密度、织物的门幅整理和熨烫的温度等，在多数情况下，经纱方向的热缩率比纬纱方向的热缩率大。

下面介绍毛织物在干热熨烫条件下热缩率的测试：

试验条件在标准大气压下，温度为 20°C±2°C，相对湿度为 65%±3%，对织物进行调试时，试样长不得小于 20 cm 的全幅，在试样的中央和旁边部位（至少离开布边 10 cm）画出 70 mm×70 mm 的两个正方形，然后用与试样色泽相异的细线，在正方形的四个角上作标记，试验步骤如下：

（1）将试样在试验用标准大气压下平铺调湿至少 24 h，纯合纤产品至少调湿 8 h。

（2）将调湿后的试样无张力地平放在工作台上，依此测量经、纬向分别对标记间的距离，精确到 0.5 mm，并分别计算出每块试样的经、纬向的平均距离。

（3）将温度计放入带槽石棉板内，压上熨斗或其他相应的装置加热到 180℃以上，然后降温到 180℃时，先将试样平放在毛毯上，再压上电熨斗，保持 15 s，然后移开试样。

(4)按(1)和(2)步的要求重新调湿,测量和计算经、纬向平均距离。

试样尺寸的热缩率为

$$R = \frac{L_1 - L_2}{L_1} \times 100\%$$

式中　R——试样尺寸的热缩率(%);
　　　L_1——试样熨烫前标记间的平均长度(mm);
　　　L_2——试样熨烫后标记间的平均长度(mm)。

$R > 0$ 表示织物收缩,$R < 0$ 表示试样伸长。

$$L_1 = \frac{L_2}{1-R}$$

如果用精纺呢绒的面料缝制西服上衣,而成品规格的衣长是 74 cm,经向的缩水率是 2%,那么设计的样版衣长为

$$L = \frac{74}{1-2\%} = \frac{74}{0.98} \approx 75.5 \text{ (cm)}$$

但通常由于面料上要粘有纺衬或无纺衬,这时不仅要考虑面料的热缩率,还要考虑纺衬的热缩率,在保证它们能有很好的服用性能的基础上,粘合在一起后,计算它们共有的热缩率,从而确定适当的样版尺寸。

至于其他面料,尤其是化纤面料一定要注意熨烫的合适温度,防止面料焦化等现象。

影响服装成品规格的还有其他因素,如缝缩量等,这与织物的质地、缝纫线的性质、缝制时上、下线的张力,压脚的压力以及人为的因素有关,在可能的情况下,样版可作适当处理。

三、缝缩量

在服装缝合过程中,面料会出现缝口位置的变向,这就导致规格尺寸上的缺失。这种缺失幅度与面料的厚度有关,同时也与面料本身的质地有关。目前好多企业都靠经验来处理这个缺失,尚且没有专门的资料显示这方面的数据。一般可以采用制作样版以后测量尺寸丢失幅度的办法来解决。例如,成品规格中的胸围是 104 cm,按标准规格制版做出样衣后测量成品尺寸是 102 cm,这就意味着缺失量为 2 cm,即缝缩量为 2 cm。根据这个测量结果,在正式制版时要采用 106 cm 的胸围才可以。

由于面料的缩水以及热缩的物理特性,很多时候不能直接按照国外订单中的规格表来打版。需要事先计算出包含预缩尺寸的打版尺寸。而这个打版尺寸往往不是整数。这就导致打版过程中的各个部位长度的计算非常复杂。例如,如果前片净样围度是 23 cm,横向缩水率是 6%,那么前片围度打版尺寸如下:

$$23 \times [100/(100-6)] = 24.5 \text{ (cm)}$$

或者这样计算:部位尺寸 / 保水率。

例如,缩率是 6%,那么保水率就是 94%。

$$23/94\% = 24.5 \text{ (cm)}$$

在服装企业里,制版衣片的长度(或围度)需要经过计算得出,所得结果未必是整数,也可能是 102.5 这样的数,如何才能把这个新规格分配到各个衣片中呢?使用免计算的真比例打版尺可以最大限度地满足这种操作要求并保证制版的精度。

例如,如果打版胸围是 102.5 cm,那么女装的前胸围的理论值就是 $102.5 \times 0.26 = 26.65$(cm),这个结果可以在三角形打版尺上直接找到,无须计算。

值得一提的是,过去很多服装企业(尤其是外销服装企业)在制版之前,通常的做法是估计一个

缩水量，如上衣的衣长一般预加 2 cm，胸围也预加 2 cm，之所以取这些整数，是因为方便制版过程中的计算，其制版的精度显然难以适应高标准对外出口加工订单的要求。采用真比例方法进行制版时，由于实现了免计算，所以缩水量的加放可以不用刻意取整，这样可以最大限度地提高制版的精度。

任课教师可以根据实际情况，安排类似的计算训练任务。

子项目二　服装工业推档

知识目标　掌握服装工业推档的原理和基本方法。
能力目标　能够使用逐点移动的方法对衣片进行放大和缩小。
素质目标　认识到推档的近似型的本质，并把握保型和两者的对立统一性。

一、服装工业推档的概念

服装工业推档是工业制版的一部分，所谓推档，就是以中间规格（也称标准母版，也可用最大或最小规格）作为基准，兼顾各个系列规格之间的关系，进行科学的计算，正确合理地分配尺寸，绘制出各规格号型系列裁剪样版的方法，就是根据第一档的号型（或号模）样版，推移出其他三档或五档号型（或号模）样版，通称推档，也称放码或扩号。这是服装生产中的一项重要的技术环节。推档实际上是一种特殊的制版方法。

当今服装工业的社会化大生产，要求同一款式的服装按照多种规格或号型系列组织生产，从而满足大多数消费者的需求。在服装生产企业中，采用推档技术不但能很好地把握各规格或号型系列变化的规律，使款型结构一致，而且有利于提高制版的速度和质量，使生产和质量管理更科学、更规范、更容易控制。

推档是一项技术性、实践性很强的工作，是计算和经验的结合。在工作中要求细致、合理，在质量上要求绘图和制版准确无误。

二、服装工业推档的原理

从原理上讲，服装推档实际上是裁片在放大和缩小，为了保持服装风格不变，要保证裁片的形状不变，而这只需裁片在推放过程中按比例放缩即可做到。放缩分经向放缩和纬向放缩，经向放缩相同的比例值，就保证了裁片的形状不变。

下面介绍一种简便的操作（以裤子前片为例）：

将裤子前片母版形状描在大一些的样版纸上，并在样版曲线处补充几个关键点，并将它们用直线连接（如 EF、FG、FH）。在样版纸上任取一点 O，由 O 点向各关键点引放射线 OA、OB、OC……（图 1-2-1）。

设裤长的档差为 x，令 $x/$裤长 $=\lambda$，那么 λ 就是各关键点统一的放大系数。如果事先设 O 点与 A 点间的距离为 m，那么 $m \cdot \lambda$ 为距离 OB，在 AB 线外引一条平行线交 OA、OB 于 $A*$、$B*$，同理由 B 点引平行线 $B*C*//BC$，再引 $C*D*//CD$，$D*E*//DE$……这样就得到了新裁片的关键点 $A*$、$B*$、$C*$、$D*$……，将它们顺次连接即可得到新的裁片。多边形 $ABCD$……与多边形 $A*B*C*D*$……对应顶点连线交于一点 O，对应边平行，那么它们便是相似多边形，这样便证明了新裁片与原裁片在形状上完全相同。

事实上，只要事先定出一个部位的档差，如衣长或裤长的档差，该档差便成为优先档差，其他一切部位的档差都服从它，这是相当简便的。

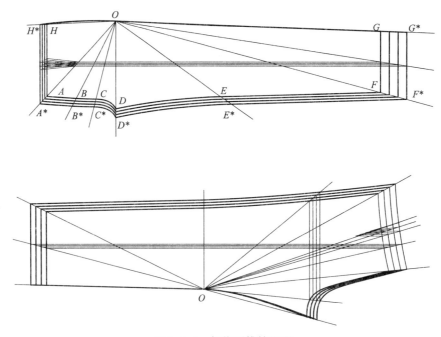

图 1-2-1 相似形推档原理

以上操作不但非常简便，而且最大限度地保证了裁片的形状。

另外，这样操作的结果与传统方法的 5.3 系列十分接近，只要稍作修改就可以变成 5.4 系列和 5.2 系列，修改时只要将胸围档差调整一下即可。

可以将所有的衣片（包括零部件）一并排放在案床上（可以不考虑方向性），然后描出其形，在其间任选一点作为放射点 O，即可将所有衣片的推放形画出。而且适当安置 O 点的位置，巧妙利用裁片的某些直边，还会使操作进一步简化。

当然，使用计算机绘图更为快捷，可以在一个指令下转瞬间完成，还可以在屏幕上作局部修改。

相似形推档的大前提是已经确定了保型目的，这就需要把过于复杂的因素排除。既想保型，又想覆盖大多数人群，只是人们的愿望而已。

其实，无论采用什么推档方法，只能在一个操作系统中为某一类人群提供系列样版，而不可能同时满足所有人群。

相似形推档法保证了身体比例大体相当的人群的版型的系列化，是按照人群的造型比例进行产品定位的新型品牌战略。

相似形推档法同样可以满足同种类型的特殊体型的服装推档，因为推档的前提是按照比例把各种人体进行了分类，同一类人群自然可以使用相同造型的衣片。

要想使推档同时满足所有人，只有两个办法：一是设立尽可能多的人群分类（如胖、瘦、驼背、挺胸、凸肚、溜肩……）；二是尽可能增大服装的包容性（如大衣覆盖人群的能力比较强）。

但一般的企业不愿把人体设置为过多的类型，也不是所有的企业都生产大衣，特别是宽松大衣。企业习惯于确定少数几种人群类型，适当地利用服装本身的包容性来组织服装产品的生产和销售。可以说，每一个企业的产品的市场范围相对都很小，服装工业生产越是向小批量、多品种的方向发展，其市场的覆盖范围就越小，但对人群的针对性却越强。

尤其值得指出的是，很多精品级服装不需要覆盖太多人群，在实际生产中以小批量多款式为主。

相似形推档在一定的包容前提下实现了对特定类型人群的覆盖。

然而，规格的设置往往使服装的放缩并不像绝对的相似形放缩那么简单，而是有着很多局部变化的情况，因此，在样版推档时，既要用到上面图形相似放缩的原理来控制"形"，又要按人体的规律来满足"量"。因此，推档一般应把握两条关键的原则，简单地说：一是服装的造型结构不变，是"形"的统一；二是推档是制版的再现，是"量"的变化。

三、服装工业推档的一般依据

服装工业推档是工业制版中的一种特殊方法，目的是快速完成系列化样版的制作。一种方法的掌握和灵活运用需要有扎实的知识和丰富的实践经验，同时应摸索该方法的一些规律和方便操作的步骤。

（一）选择和确定标准中间码

进行工业推档，无论采用何种推档方法，首先要选择和确定标准码样版，也称母版。进行推档的母版又称中间码样版或封样样版，是制版人员依据号型系列或订单上提供的各个规格码所选择的具有代表性的并能上下兼顾的规格基准。样衣的制作所用样版就是依此规格绘制的工业样版。

如在商场中卖的T恤后领缝有尺寸标记，标记不是只有一种规格，通常的规格有S、M、L、XL等，在这4个规格中大多选择M规格作为标准中间码。S规格以M规格为基准进行缩小，L规格以M规格为基准进行放大，而XL规格又以L规格为参考进行放大。目前，推档的过程大多数情况还是由人工来实施，这或多或少会产生误差，选择合适的标准中间码在缩放时能减小误差，如果以最小规格来推放其余规格或以最大规格放缩别的规格，产生的累计误差相对来说会大些，尤其以最大规格放缩别的规格比以最小规格推放其余规格的操作过程要麻烦些。在服装CAD的推档系统中，由于计算机最大的优势在于运算速度快及作图精确，因此不会产生上述问题。

假设一份订单中有7种规格——28、29、30、31、32、34和36，常选择规格30或规格31作为标准中间码进行制版。

（二）绘制标准中间码样版

绘制作为推档用的标准中间码样版需要进行一系列的操作。在确定中间码之后，首先分析面料有哪些性能影响样版的绘制，分析各部位测量的方法和它们之间的联系，再采用合理的制版方法绘制出封样用裁剪样版和工艺样版，并按裁剪样版裁剪，严格按工艺样版缝制并后整理；在验收缝制好的样品后，写出封样意见；然后讨论封样意见，找出产生问题的原因，修改原有封样样版制成标准中间码样版。

不同款式有不同的制版分析过程，在后面的项目中会详细叙述。总之，标准中间码样版的正确与否直接影响推档的实施，如果中间码样版出现问题，无论推档技巧运用得多么准确，实际上都没有意义。

（三）基准线的设定

基准线类似数学中的坐标轴，从理论上讲，基准线的位置可以任意设置，但坐标位置的确定直接影响操作的繁简。同样，在工业样版的推档过程中也必须使用坐标轴，这种坐标轴常称作基准线，基准线的合理制定能方便推档并保证各推档样版的造型和结构相同，它是样版推档的基准，没有它，各放码点的数值也就成了形式上的数量关系，没有实际意义。在本书中大多数基准线定位在样版结构中有明显不同的分界处。另外，基准线既可以采用直线，也可以在约定的某种方式下采用曲线，甚至可以采用折线。使用曲线作为基准线的部位有西服的后中线、腋下片中的侧缝线等，但这种曲线基准线只是相对的基准线，在后面项目中会有说明。

常用基准线的设定：

上装：前片——胸围线或腰节线、前中线或搭门线；

后片——胸围线或腰节线、后中线；

一片袖——袖肥线、袖中线。

领子：一般放编后领中线，基准位置为领尖。

下装：裤装——横裆线，裤中线（挺缝线）；

一般的裙装——臀围线，前、后中线。

圆裙以圆点为基准，多片裙以对折线为基准。

其中，长度方向的基准线有胸围线、横裆线和臀围线等；围度方向的基准线有前、后中线和裤中线等；有些基准线还要依据款式结构的不同而有所变化。

值得说明的是，在许多情况下，基准线的位置可以根据服装版型的特点灵活改变。

（四）档差的确定

档差是指某一款式同一部位相邻规格之差。目前我国服装企业普遍接受身高为 5 cm 档差的推档大前提。在这个大前提下，如果按照比例来设置档差，有下面的情况，表 1-2-1 所示为男衬衫理论上的尺寸规格。

表 1-2-1　男衬衫理论上的尺寸规格　　　　　　　　　　　　　单位：cm

号型	165	170（母版）	175	180	规格档差
衣长	69.88	72	74.12	76.24	2.12
领大	37.85	39	40.15	41.3	1.15
肩宽	44.65	46	47.35	48.7	1.35
胸围	106.76	110	113.24	116.48	3.24
袖长	56.29	58	59.71	61.42	1.71

如果按照表 1-2-1 中的数据来推档，服装衣片是不会发生变形的。但是，规格表中的数据太过细碎，不符合人们的视觉习惯。事实上，多年来人们并没有使用这样数据细碎的表格，一直在使用取整的规格数据表。

表 1-2-1 是按照国家服装标准制定的，有 165/84A、170/88A、175/92A 和 180/96A 4 个规格，对应的衣长为 70 cm、72 cm、74 cm 和 76 cm。对照档差的概念，很容易看到，衣长的档差约是 2 cm，即 76.24-74.12 = 74.12-72 = 72-69.88 ≈ 2（cm），同样，领大的档差为 1 cm，肩宽的档差为 1.4 cm，胸围的档差为 4 cm，袖长的档差为 1.7 cm，通过比较，同一部位的档差是相等的，这说明档差是有规则的，但不能说是均匀变化的。就胸围和肩宽而言，根据衬衫的制版方法，前、后片样版胸围的变化是 1 cm，而肩宽变化却是 0.6 cm。这些档差之间并不符合严格的比例关系。在绘制样版时，由于变化量不能严格按照比例来设置，这导致衬衫版型发生变化。由于人们习惯于保持数据表格的规整性，所以档差不能按照比例来设置。例如，胸围的档差取 4 cm，是习惯上的取整，其他部位也或多或少有取整的倾向。服装尺寸变化的取整倾向，使服装版型不是按照比例来变化的，所以推放以后的样版虽然在形状上与原来的样版保持着一种近似的关系，但并不是数学意义上的相似关系。这就不难理解为什么有些服装在推放若干档以后会发生严重的变形。事实上很多企业在推档时仅仅放缩 3~5 档而已，变形的问题并不是很严重。

因为服装具有包容性（兼容性），所以采用取整的档差规格来推档不会严重影响消费者的穿着。当然，人们在数据上不是没有原则地取整，而是有数理统计的结果作支持的。数理统计能告诉人们取整的倾向性：是偏大还是偏小。我国进行的服装号型系列标准的统计数据，直接对系列服装的规格起到指导作用。表1-2-2和表1-2-3所示为男衬衫部分尺寸规格、外贸裤子部分尺寸规格。

表1-2-2 男衬衫部分尺寸规格　　　　　　　　　　　　　　　　　　　　单位：cm

尺寸部位＼成品号型	165/84A	170/88A	175/92A	180/96A	规格档差
衣长	70	72	74	76	2
领大	38	39	40	41	1
肩宽	44.8	46	47.2	48.4	1.2
胸围	106	110	114	118	4
袖长	56.5	58	59.5	61	1.5

表1-2-3 外贸裤子部分尺寸规格　　　　　　　　　　　　　　　　　　　　单位：in

尺寸部位＼成品号型	28	29	30	31	32	34	36
腰围	28	29	30	31	32	34	36
臀围	41	42	43	44	45	47	49
横裆	27	27.5	28	28.5	29	30	31
中裆	19 – 1/2	19 – 3/4	20	20 – 1/4	20 – 1/2	21	21 – 1/2
裤口	13 – 3/4	14	14 – 1/4	14 – 1/2	14 – 3/4	15 – 1/4	15 – 3/4
前浪	11 – 7/8	12	12 – 1/8	12 – 1/4	12 – 3/8	12 – 5/8	12 – 7/8
后浪	17 – 1/4	17 – 3/8	17 – 1/2	17 – 5/8	17 – 3/4	18	18 – 1/4
内长	30	30	32	32	32	34	34
拉链	6 – 1/2	6 – 1/2	7	7	7 – 1/2	7 – 1/2	8

注：1. 由于是外贸订单，国外的度量单位多用英制，为了说明问题，没有使用公制；
　　2. 1 in=2.54 cm

表1-2-3一共有7个规格，腰围的档差从28规格到32规格，相邻之差为1 in，而从32规格到36规格，其间只有34规格，相邻之差为2 in，这说明腰围的档差有变化，而不像上表中衣长的档差那么均匀；同样，臀围的档差从28规格至32规格为1 in，从32规格至36规格为2 in；横裆的档差从28规格至32规格为0.5 in，从32规格至36规格为1 in；中裆档差从28规格至32规格为0.25 in，从32规格至36规格为0.5 in；裤口档差从28规格至32规格为0.25 in，从32规格至36规格为0.5 in；前浪和后浪是指前裆长和后裆长，它们的档差从28规格至32规格为0.125 in，从32规格至36规格为0.25 in。以上腰围、臀围、横裆、中裆和裤口5个部位都是指裤子的围度方向。前裆长和后裆长是指裤子的长度方向，虽然同一部位从28规格到32规格档差一致，从32规格到36规格档差相同，但由于存在"跳档"现象，即没有33规格和35规格，该部位档差出现变化，可以认定该部位的档差是不规则的。根据"推档是制版再现"这一原则，裤子前、后样版的一片中从28规格到32规格腰围变化0.25 in，臀围变化0.25 in，横裆变化0.25 in，中裆变化0.125 in，裤口变化0.125 in，前裆和后裆都变化0.125 in；而从34规格和36规格腰围变化0.5 in，臀围变化0.5 in，横裆变化0.5 in，中裆变化0.25 in，裤口变化0.25 in，前裆和后裆都变化0.25 in，同一部位的变化成倍数关系，因此可以认定这些档差是均匀的。再看腰围、臀围和横裆这3个部位，一片样版的变化量相等，前裆和后裆的变化量相等，中裆和裤口的变化量也相等，它们的变化也是均匀的，也就是说横裆以上部位、

中裆以下部位，裤子的版型能保持一致，即推档原则之一的"形"相对统一。而在横裆和中裆之间，变化量的不同使裤子的版型发生改变，那么服装尺寸的变化不均匀使档差的变化也不均匀，最终导致裤子的"形"发生变化。表中的内长是指裤子的内裆长，即内裆点到内裤口点的长度，发现28规格和29规格的内长一样，即档差为0，30规格、31规格和32规格的内长一样，34规格和36规格的内长一样，档差都为0，但29规格与30规格的档差为2 in，32规格和34规格的档差也为2 in；拉链档差的分析与内长档差类似，28规格和29规格的拉链一样长，即档差为0，30规格和31规格的拉链一样长，32规格和34规格的拉链一样长，档差都为0，而8 in的拉链只有36规格一个，但29规格与30规格的档差以及31规格与32规格的档差都为0.5 in，34规格和36规格的档差也为0.5 in，内长和拉链这两个部位的档差变化比较规则但不均匀。通过上面的分析，档差并不是固定不变的，要根据实际情况分别处理，确保推档过程顺利进行。在此，要注意服装"形"的统一是相对意义上的结构不变。

可见，服装企业的样版推放得到的一系列样版在形状上是近似形而不是严格的相似形。

图1-2-2所示为男衬衫推档的档差分配示意。从图中可以看到：每一个放码点的水平移动与竖直移动均与制图方法严格对应，并且以制图为基础。从严格意义上来讲，制图与推档是统一的。

值得说明的是：图1-2-2中袖窿深处是以比较复杂的数学模型为依据的，在实际生产中也有的以其他经验数据为依据。这一点将在后面讲解。

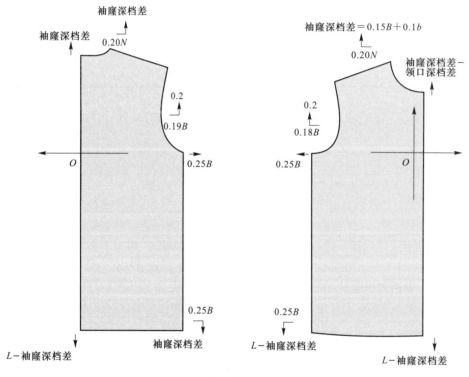

图1-2-2 男衬衫推档的档差分配示意（单位：cm）

（五）推档的多种方法

一般地，企业根据自己的实际情况，可以选择以下多种推档形式。

1. 拖板法

拖板法一般是先绘制出小规格标准母样版，再把需要推档的规格或号型系列样版，依此剪成各规格近似样版的轮廓，然后将全系列规格样版大规格在下、小规格（标准样版）在上按照各部位规格差数逐边、逐段地推剪出需要的规格系列样版。这种方法速度快，适于款型变化快的小批量、多品种的时装样版推档，需要较高的技艺。对于学生来说，应该掌握这种操作方法。

2．摞推法

摞推法与拖板法十分类似，与使用的样版纸有很大的关系，当使用比较薄的样版纸时，可以将多张纸同时放置一并剪下多余的部分，从而一次性得到多档样版，此方法比拖板法速度更快。

3．网状推画法

网状推画法也称点放码推档法，伴随数学的普及而发展起来，是在标准样版的基础上，根据数学相似形原理和坐标平移的原理，按照各规格和号型系列之间的差数，将全套样版画在一张样版纸上（称为网状图），再依此拓画并复制出各规格或号型系列样版的方法。

推档曲线的细节

4．其他方法

其他方法包括推档差法、等分法和相似形法等。

无论以上哪种方法，都离不开档差的分配计算。服装各个部位档差的分配计算与该部位的数学模型有直接关系，同时也受制于经验和快捷性的要求。这一点将在后面讲述。

子项目三　工厂成衣制版的注意事项

知识目标　了解服装企业里制版的多个注意事项。
能力目标　能够对各种符号进行正确绘制，能够对纱向和剪口作正确标注。
素质目标　培养敬业态度和质量意识，培养部门协作意识。

一、样版设计和样版复核

服装设计效果图向平面版型图转化成为成衣生产用的毛样（生产样版），即设计效果图—确定体型及数据—版型分解草图—确定主要部位制图规格数值—平面版型图净样—毛样。在这样一个样版设计过程中，样版设计者一定要考虑如何设计出一套较佳的生产样版，才能使成衣达到改善品质，从而达到降低成本、提高效率的目标，因而也就不同于普通的样版制作（用于个人及定制服装）。

（一）样版的工艺设计与复核

按所设计的缝制工艺将服装版型图放出所有的缝份，除了净样上已有的各种技术参数和标记外，应注明缝制方法及要求；熨烫部位及方法；工艺顺序要求。用于排料、确定排料方式及准确耗料量的生产样版必须具备以下复核（以男衬衫为例）：

（1）对设定尺寸的复核。依照客户或已给定的尺寸对样版的各部位进行测量。

（2）对各缝合线相吻合的复核。男衬衫的生产样版，需要在样版制作好后，检查袖窿弧线及领窝弧线是否圆顺；检查衫脚下摆和袖口弧线是否圆顺；检查袖山弧线和袖窿弧线长度是否相等；检查领窝弧线和领脚弧线长度是否相等；检查袖身的袖口弧线（除褶裥外）和袖级宽度是否相等；检查前、后侧缝长度是否相等。

（3）对各对位记号的复核。男衬衫有前幅襟贴翻折记号及钮门记号；衫身袖窿弧线和袖子的袖山弧线对位记号；领子的钮门记号及与前中线对位记号；明贴袋的贴边翻折记号；袖身的袖口线上的褶裥记号等。

（4）对布纹线的复核。检查布料裁剪时所用的丝缕纹向。

（5）对缝份的复核。男衬衫生产样版除襟贴和明贴袋缝份（止口）以外，其余均为1 cm缝份。

（6）对样版总量的复核。男衬衫样版共有11块样版（含底领和面领）。

（7）复核各资料是否齐全。各资料包括款式名称、裁剪数量、码数、裁片名称等。

（二）样版的最终确认

将已复核后的样版经裁剪制成成衣，用来检验样版是否达到了设计意图，这种样版称为"头版"，对非确认的样版进行修改、调整，甚至重新设计，再经过复核成为"复版"制成成衣，最后确认为服装生产样版。

二、服装样版设计与布料、工艺、款式、品质的关系

在服装样版设计过程中，服装款式的差异、布料组织结构的差异及厚薄的不同、服装工艺制作及机器类型的限制与否、服装品质及组织结构等方面的不同，都会影响实际生产，因此服装版型的制作也有不同的要求。

（一）不同的材料与缝型

依据服装面料组织紧密度的不同，确定不同缝合方式对加缝份的不同要求。

（1）按照布料厚薄的区别可划分薄、中、厚三种放缝量，薄型面料的服装样版放缝量一般为0.2 cm，中型为1 cm，厚型为1.5 cm。

（2）接缝弧度较大的地方放缝要窄，如袖窿、领窝线等处，因为弧度问题缝份太大会产生皱褶，然而生产样版的放缝设计应尽可能整齐划一，这样有利于提高生产效率，同时也提高了产品质量的标准，所以衬衫领子和领窝线的放缝还是1 cm，缝制后统一修剪领窝线为0.5 cm，既可以使领窝圆弧部位平顺又可以避免因布料脱散而影响缝份不足。加服加量的地方放缝要宽些，如西裤后片的放缝，后中线部位所加的缝份为2.5 cm，上身的前、后侧缝可加1.5 cm等，这既可以提高产品的销售量又可以满足客户的心理要求。

（3）不同的缝合方式对加缝份量有不同的要求。如平缝是一种最常用的、最简便的缝合方式，其合缝的放缝量一般为0.8~1.2 cm，对于一些较易散边、疏松布料在缝制后将缝份叠在一起锁边的常用1 cm；在缝制后将缝份分骨的常用1.2 cm。对于服装的折边（衣裙下摆、袖口、裤口等）所采取的缝法，一般有两种情况：一是锁边后折边缝，二是直接折边缝。锁边后折边缝的加放缝即为所需折边的宽，如果是平摆的款式，一般夏天上衣为2~2.5 cm，冬衣为2.5~35 cm，裤子、西装裙为3~4 cm，这有利于裤子及裙子的垂性和稳定性；如果是有弧度形状的，下摆和袖口等一般为0.5~1 cm，而直接折边缝一般需要在此基础上加0.8~1 cm的折进量，对于较大的圆摆衬衫、喇叭裙、圆台裙等边缘，尽可能将折边做得很窄，将缝份卷起来作缝即卷边缝，卷成的宽度为0.3~0.5 cm，故此边所加的缝份为0.5~1 cm，如果是很薄的而组织结构较结实的可考虑直接锁密珠作为收边，也可作为装饰。牛仔裤的侧缝、内缝和后幅包机头驳缝常用的缝合方式是包缝，这一做法的好处是耐用性强，所加的缝份需要注意前幅包后幅还是后幅包前幅、后幅包机头还是机头包后幅，一般缝份为1.2 cm，但是实际生产所用的缝份有所不同，香港旭日集团惠州大进有限公司长期生产牛仔裤，实践得到较佳的方法：被包的裁片所加的缝份为0.6 cm，另一裁片为1.6 cm。因为按规定的尺寸是在缝骨边缘开始计算，成品完成后不会影响尺寸的准确性、划一性。

服装样版的放缝与工艺形式的关系见表1-2-4。

表 1-2-4　服装样版的放缝与工艺形式的关系

缝型名称	缝型构成示意	说明	参考加缝份量
合缝		单线切边，分缝熨烫 三线包缝、四线包缝、五线包缝	1.0~1.3
双包边		多见于双针双链缝，理论上，上层的缝份比下层的缝份小1倍	1.0~2.0
折边		多用于锁缝线迹或手针线迹，分毛边和光边	2.0~5.0
来去缝		多用于轻薄型或易脱散的面料，线迹类型为锁边	1.0~1.2
绲边		分实绲边和虚绲边，常用链缝和锁缝线迹	1.0~2.5
双针绷缝		多用于针织面料的拼接	0.5~0.8

（二）不同的版型风格

根据不同的版型制作不同的生产效果，确定不同的服装生产样版。

（1）由于不同的版型缝制工序会影响服装生产的品质、排料，从而影响服装生产的成本，所以确定服装生产样版是很重要的环节。如外观效果一致的前门襟开口（男衬衫前门襟开口），有4种结构方法，可依据不同的需求确定不同的服装生产样版：如果选择A种（单层明筒门襟）和C种（双层明筒门襟）结构缝制工艺则产品品质易控制，但C结构会使成衣太厚，所以厚的面料不适宜使用；选择A和B两种结构缝制工艺可节省布料，但B种结构会使前门襟的厚度不均；选择D种结构缝制工艺可缩短裁剪和车缝工序的时间，提高效率，但这种方法只能用于布料为不分底、面的情况。总的来说，A种结构在一般成衣生产中是最常用的一种结构，既可以节省布料，品质较佳，又不受布料类型的限制。

（2）门襟开口的襟贴，其结构可以分为另加门襟和原身加门襟。原身加门襟的版型比较浪费布料，但缝制工序较简单方便；而另加门襟的版型在缝制过程中多一道工序，但排料时宜节省布料。样版制作人员在制图时需要均衡取舍，确定适合自己公司各条件的方法。对于一些类似匙羹领或大衣款式的门襟，也可考虑在另加门襟的版型上切驳便于后中对折排料，以达到节省布料的目的。

（3）样版工程的目的是对一些版型进行修改，以达到美化人体、提高品质、减少工人的执手时间、方便排料、节省用料的目的。有的版型在生产时会造成用料加大，如男衬衫的剑形袖衩条，制作样版时将大袖衩条其中看不见的一层偷空，使之在揸明线时既可以避免下一层外露，提高产品品质，又可以节省用料；有的版型在成衣后出现穿着不美观的现象，需要对样版进行适当的修改，如内、外工字褶裙的样版，在制作其生产样版时将褶裥的上层部分偷空，既可减薄厚度达到美化人体的效果，又可节省布料。有的版型在生产时会造成增加工人执手的时间，降低品质，对这些生产样版进行修改，以解决上述问题。例如，针对一些腰围和臀围差数较大的女性，制作裤子版型（特别是牛仔裤）时，依据版型原理会出现前幅侧缝较弯，而后幅侧缝较直的情况，使缝制过程中车缝的执手时间增加，将样版前幅侧腰点加出适当的尺寸，在后幅的侧腰点则减去相应的尺寸，使两侧缝弧度比较接近，这样可以使生产较方便从而缩短车缝的执手时间。

三、排料及其原则

排料实际上是工艺环节，但与服装制版关系十分密切，其任务是把推档得到的一系列样版按照生产量的配比绘制到一张与面料等宽的大纸上，得到一定长度的排料图，以便在铺料以后使用裁刀进行批量裁剪。这种排料图在企业中称为画皮儿，有时可以用手工直接绘制到最上层面料（或辅料）上。传统的排料采用手工完成，但目前很多大型企业采用CAD进行制版和排料，这也是越来越多的中小型企业的发展方向。

排料一般要注意以下五方面的原则：

（1）注意面料（或辅料）的正、反面以及样片的对称性。衣身的对称性是服装排料首先要解决的问题。

（2）注意面料的方向性。有倒顺和无倒顺的情况不同。一般为了避免色差，如果面料有倒顺之分，面料样版要沿同一方向排列。

（3）注意面料的色差。由于印染或存放的原因，面料不同段位置存在一定程度的色差，为了有效避免这一类色差，需要将同一件服装的样版就近排放。

（4）注意对格对条。凡属需要对正条格的款式，其样版排列需要疏松，样版边缘需要预留足够的间隙量。裁剪衣片需要经过粗裁和净裁两遍工序才能完成。

（5）注意节约用料。对于服装大工业生产来说，合理排料可以大量节约用料，以下是对节约用料比较有效的窍门：

①先排大片，后排小片。
②紧密套排。
③缺口合并。
④大小搭配。

任课教师可以根据实际情况，适当安排推档和排料的简单训练任务。

子项目四　服装工业制版基础技能训练

知识目标　掌握服装制版常用的曲线类型，了解流畅曲线的广泛用途。
能力目标　能够熟练地使用直尺拟合的办法绘制各种流畅曲线。
素质目标　培养刻苦、坚韧的意志品质，深刻领会熟能生巧的道理。

本子项目的基本实训包括直尺画曲线基础技能训练、相似形推档技能训练（可以根据本校实际情况适当安排）两个部分。此类训练重点在于对线条处理的美观度与顺畅度的把握。

任务一：直尺画曲线基础技能训练

（一）认识直尺画曲线的必要性

服装工业制版在细节处理方面有以下几个注意事项：
（1）裁剪样版前的制图线条要流畅。
（2）边角处理要明确，如遇互补角度部位要注意转角的细节。
（3）缝边大小要明确，折边与缝边要有区分。

（4）面料纱向要标明，为了排料方便，需要把纱向线画得长一些。

（5）对位记号要标明，并且要与边缘线垂直。

要很好地保证以上几条，操作人员需要有一定的技能基本功。

服装企业里有好多技术人员在进行手工打版和推档时，无论直线还是曲线，均以直尺为基本工具，配合一定的技法来完成描绘，其动作之娴熟、速度之快、效果之好令人叹为观止。这引发人们进行下面一番思考：

授人以鱼，不如授人以渔，千变万化的曲线不能由区区若干个曲线尺概括绘制，应该掌握一种简便、快捷、实用的制造曲线的方法，以不变应万变。计算机绘图中解决曲线绘制的方法也是将曲线分拆为若干个折线段，只是分拆的个数多了，肉眼看不出来罢了。这与直尺画曲线有异曲同工之妙。

直尺使用熟练的人，功夫是日积月累形成的，需要经过一段时间的练习。因此一般的服装专业技术人员有必要接受专门的训练。

服装职业院校是培养服装技术技能型人才的场所，应该在技能课上增加使用直尺画曲线的训练内容。

对于初学者来说，直尺操作是有一定难度的，而传统工具尺相对容易一些，可以借助传统工具尺画出各种服装制图，这是初学者所容易接受的。但是，再好的工具也仅是辅助品，最主动的仍然是人。况且服装版型千变万化，用固定的曲线难以表达它的丰富和细腻感，单从这个意义上来说，练就一手直尺画曲线的功夫也是非常必要的。

传统工具尺也有其不利的一面，如件数多携带不方便、许多部位不能完美地表现出来。而直尺（或三角板）就不同了，它携带方便，可以画出想要的任何曲线，只是需要经过一段时间的练习。这对从事服装工作的人员来讲是必备的基本功。

直尺画曲线是企业技术人员必备的基本功，也是服装设计师必备的技能之一。由于过去的教材一直没有强调，目前许多大学生被评价为"理论上的巨人，行动上的矮子"，职业技术教育必须解决这个问题。磨刀不误砍柴工，必要的技能训练会解放学生的双手，提高学生的学习效率。

教师在讲授这部分内容时，一定要亲自给学生演示操作，让学生从模仿开始学习和训练。另外，建议有条件的学校在授课时播放直尺画曲线操作的录像，加深学生对此操作的印象。

直尺画曲线基本功训练

（二）直尺画曲线的技巧

画曲线的用尺最好是柔性直尺（如真比例三角板），笔最好是硬铅的活动铅笔，纸张可以使用企业的工业打版纸，也可以用较为光滑致密的白纸或牛皮纸代替。

采用工作室模式，普通学生需要几周的时间达到基本熟练，佼佼者只需几天就能达到十分熟练的程度。学生大多会从中找到乐趣，并且产生一种成就感。少数学生还可以训练直尺画圆的基本功，但这种训练的难度相对较大，可以不作要求。

其实，只要坚持，度过一个小小的困难期，每个人都能够练就一手直尺画曲线的功夫。现在正式推出两句操作口诀：

笔动尺不动，尺动笔不动

解释如下：当用笔画线时，尺要固定住，以便使局部图线直顺；当用尺调整曲线的方向时，笔头要固定在纸面上起到转动轴的作用。由于操作者一般都是左手握尺，右手持笔，因此操作时需要左、右手交替完成动作。这种操作对于左利的人员同样适用。

直尺画曲线实训内容可以由浅入深来安排：

（1）任意给定 3 个点，让光滑曲线通过，该内容可以训练学生对曲线的感觉。

（2）给出光滑样条曲线，让学生等距离绘出一组同样的曲线，其距离可以定为 1 cm、1.2 cm、1.5 cm、2 cm 和 2.5 cm 不等。

（3）工业服装样版描摹训练。

用真比例三角板进行打版基本操作技能训练，以直尺画曲线技能训练为主（可以选择企业样版进行描图训练），如图 1-2-3 所示。

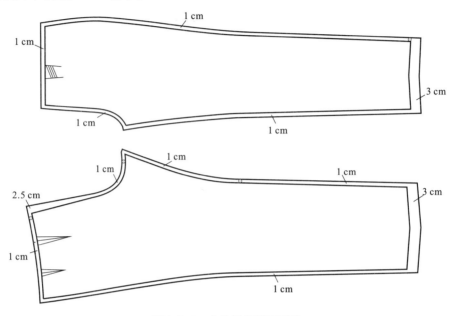

图 1-2-3　企业样版描图训练

一般可以给出样版净样图线，训练以下几种宽度的缝边图线：1 cm、2 cm、2.5 cm、3 cm……在实际生产中，不同的缝型也对服装的缝边大小有影响。

（三）关于曲线与直线连接的训练

人们所进行设计的无论是何服装品种，其构成的线条都来自人体各对应部位。如袖窿弧线，其形状来自人体臂根的截面形状，其结构是相对稳定的。这样就为人们绘制服装中各部位连接线条提供了依据，人体结构的稳定使这些线条形态具有一定的规律性。下面介绍二维空间内直线、曲线之间连接的训练方法：

（1）直线与正圆弧线的连接。用于绘制后领弧线、胸宽线与袖窿弧线的连接。

（2）直线与一般弧线的连接。用于绘制裤片的大、小裆弯，上衣中串口线与领圈弧线的连接。

（3）直线与通过某点的正圆弧连接。用于西服中袖窿弧线与袖窿深线、背宽线与后袖窿线的连接。

（4）圆弧与圆弧的连接。用于圆下摆西服的圆角线、袖窿弧线与袖窿深线的连接。

任何图形的轮廓弧线都难以一笔完成，只有将它们分割成若干小段相互连接才能实现，进一步说，它们是由对应位置的一个个连续点共同组成的，初学者要画好这些图线，往往比较困难，需要经过持续不断的练习才能熟练把握。

另外，在熟练的基础上，应该培养具有脱离各种曲线尺，用直尺进行各

直尺画曲线

类线条连接的能力，以简化制图的过程，提高速度。要做到这一点，关键是心中有"形"，才能得心应手。

（四）关于真比例三角板的使用（附加内容，可酌情安排）

本书推荐使用真比例三角板，可以使用真比例三角板来画曲线。该尺材质透明光滑，很利于此操作。

使用真比例尺时，注意要求学生在空中取点，即用左、右两只手同时找到尺上的结果线段两端，然后到纸面上画点（图1-2-4）。

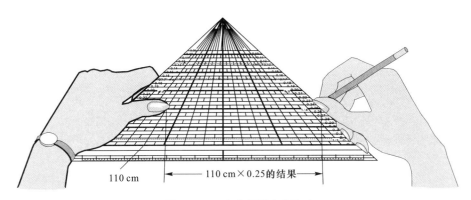

图1-2-4　真比例尺空中取点

使用1∶1真比例尺，在画线段的左侧末端点时，需要用左手大拇指按住该点，同时用右手指掀起尺的另一侧，使笔（或划粉）可以在打版纸或面料上该点处画出标记，见图1-2-5。

真比例尺的功能如下：

（1）作为普通直尺，可以测量直线段长度。

（2）作为弧线尺使用，可以测量曲线段长度。

（3）由于直角边都有刻度，可以画任意角度线。

（4）由于分布大量的等距离平行线，所以可以用来画平行线。

（5）由于该尺是直角三角板，所以可以很轻松地画垂直线。

（6）由于该尺很薄，所以可以临时充当裁纸刀使用。

（7）可以利用该尺进行衣片的平移和旋转绘制。

（8）由于该尺是按照真比例数学模型设置的，所以可以进行服装裁剪免计算绘图。

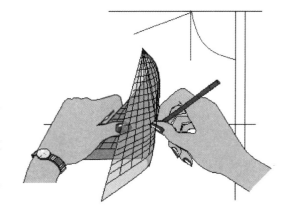

图1-2-5　真比例尺使用技巧

（9）由于该尺使用方便，所以可以灵活地进行结构设计操作。

（10）由于该尺附有精准的刻度线，所以可以很便捷地绘制缝边和折边线。

（11）由于该尺在直角处设计有毫米转角刻度，所以可以用来精确地进行网状推档操作。

（12）由于该尺很薄很精准，所以可以用来进行摆推以及拖板推放操作。

（13）由于该尺边缘光滑，所以可以用来进行质量很高的直尺画曲线操作。

任务二：相似形推档技能训练

准备比较简单的企业服装样版，利用推档尺进行相似形放缩，目的是深刻理解服装系列样版之间的相似关系。训练要求使用直尺或真比例三角板把 3~5 档放缩出来的样版用光滑曲线描实，以便训练学生的描样基本功。图 1-2-6 所示是推档尺游标的使用方法。

如果没有推档尺，该训练可以采用线段计算的方法来进行。在训练过程中，要密切把握相似图形的属性。这也是其他形式的推档所要注意的方面。这种画线的训练对熟悉系列样版之间的关系非常有好处。

图 1-2-7 所示的相似形属性如下：
（1）对应点连线相交于一点 O。
（2）对应顶角相等。
（3）对应边线在对应点附近平行。
（4）对应边线长度成比例。这也是推档尺的设计原理。

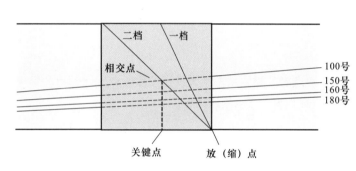 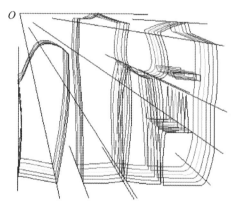

图 1-2-6　推档尺游标的使用方法　　　　图 1-2-7　企业样版相似形推档训练图线

第二部分
制版七大项目

项目一
裙子工业制版

　　裙子是一种围在人体下半身的服饰种类，是人体下半身穿用的版型最简单的服装分支。裙子在古代被称为裳，男女均可穿用，现在多为女性穿着。裙子花色品种繁多，是女性下装的主要形式之一。

　　裙子按外形轮廓大致可分为筒裙、斜裙、褶裥裙及节裙等。其中筒裙包括裙摆两侧开衩的旗袍裙、后面中间下端开衩的一步裙、前面中间有阴裥的西服裙等。斜裙包括一片斜裙、二片斜裙及多片斜裙。褶裥裙包括百裥裙、皱裥裙、对合裥裙、马面裙等。节裙包括两节式裙、三节式裙等。按裙腰形态裙子可分为无腰裙、装腰裙、连腰裙、低腰裙和高腰裙等。按长短裙子可分为超短裙、短裙、及膝裙、中长裙和长裙等。

　　另外，也有多种形式组合而成的裙子造型。裙子除了有以上造型区别外，还会随着流行趋势的不断变化而变化，可以运用贴袋、纽扣、流苏、缉明线、袢带等各类饰物予以装饰点缀。

　　筒裙是裙装中最基本的裙型，讲究合体，版型严谨。其他各类裙装可在筒裙的基础上进行变化得来，因此先从筒裙制图开始讲述。筒裙的版型数学模型（制图系列公式）可以作为裙子的基本数学模型，其他变化款式如西服裙、对裥裙、六片裙、八片裙、二片斜裙、马甲斜裙、圆形西服裙、裥裙等，都可以在这个模型的基础上加以变化得到。因此，掌握筒裙的版型数学模型以及制图方法是十分重要的。

　　本项目主要包括时装裙设计版制作、裙子生产版制作、裙子 CAD 制版和裙子定制制版四个子项目。教师可以根据院校实际情况安排教学。

子项目一 时装裙设计版制作

知识目标 能够进行时装裙版型设计,了解时装裙常见的版型结构变化。

能力目标 掌握颡道设置与转移能力、分割线设计与调整能力。

素质目标 提高审美素质,具有精益求精的意识、坚持不懈的精神、团队协作理念。

时装裙尽管变化很多,但总体上都可以归结为与主控部位相关的数学模型发生变化和版型分割发生变化两个方面。

所谓主控部位,是指在规格表中反映出来的能够对服装的合体性起到重要作用的部位。一般来说,裙子的主控部位有3个,即腰围、臀围和裙长。而这三个主控部位中最为关键的是腰围和臀围,因为这两个主控部位是直接与人体的部位相对应的,处理的好坏直接影响版型的好坏与穿着的合体度。而在裙子中最不可或缺的是腰围与裙长,下面通过两个典型的例子加以分析。

设置主控部位的多少要从服装的合体要求来分析。一般来说,凡是对合体有所要求的部位,都应该作为主控部位。这里介绍的是一款要求腰围和臀围都合体的裙装,所以把腰围和臀围作为主控部位。裙子侧缝线变化见图2-1-1。

由图2-1-1可以看出,要求合体的裙装,在处理时一般是侧缝线以臀围的内限为轴心,以腰围为内限进行旋转而获得裙子下摆的造型的。还有一种情况,见图2-1-2,就是以腰围的内限为轴心,以臀围为内限进行自由旋转,当其旋转到一定程度时,也就到达了另一个极限:太阳裙(360°裙或是720°裙)。这时,款式需要的主控部位只有两个——腰围与裙长,此时臀围无须再考虑。为了更加明确地说明问题,再来看看太阳裙的制版原理。

如果拿一块布,在中间掏一个等于或大于腰围的圆形缺口,就得到了世界上最简单的裙子——四角裙。该裙子穿到人体上,由于重力的作用,其底边不是平的,而是有长短角度变化的。在此基础上做太阳裙非常简单:做一个腰围的同心圆,即将裙摆修成正圆形就可以了,这时并不需要考虑裙子的臀围是多少,只需要考虑腰围和裙长,这是裙子款式的另一个极端形式。其他款式一般来说都是在这两极之间变化而来的。

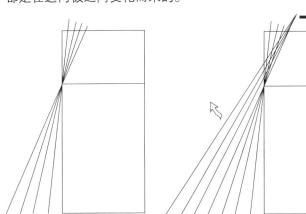

图2-1-1 裙子侧缝线变化

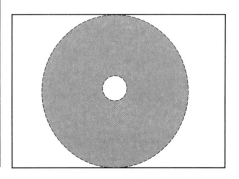

图2-1-2 太阳裙

上面是从主控部位的变化来分析裙子的变化的,下面再来看看裙子的主控部位数学模型的调整。

筒裙类裙装的变化要点是,四片结构,每片结构在围度方向的分配比例为0.25(即1/4)左右。在后中缝或侧缝上端设置开口装拉链。下端中缝或侧缝通常设有开衩,开衩的上限点在横裆线和中裆线(人体膝盖位)之间。筒裙的长度通常是由中裆线往上5~10 cm作为底摆线。超短裙一般取大腿长（人体膝盖位至大腿根部）的1/2位置。当筒裙的底摆超过大腿中部时，要考虑在两侧缝或后中缝开衩，以适应下肢的运动。

时装裙的整体外观设计，可以直接通过改变臀围、摆围的大小来实现。时装裙版型变化的方法是在裙子的基础形上进行变款版型的处理。其具体的操作除了可以采用常规裙片进行剪切、展开、移位、合并等版型处理外，也可以利用常规时装裙的数学模型直接进行变化。

本书推荐教师讲解数学模型的变化，让学生从改变数学模型入手，进行裙子的设计版制作。

任务一：对裥裙版型设计

工作任务单

任务名称	工作项目：裙子工业制版 子项目：时装裙设计版制作 任务：对裥裙版型设计		
任务布置者		任务承接者	
工作任务： 根据企业给定的款式图和参考尺寸，绘制对裥裙的设计版，任务以工作小组（5或6人/组）为单位进行。 提交材料： 以牛皮纸为制版材料，用HB制图铅笔绘制版型结构图。技术要求如下： 1. 图线要清晰、流畅； 2. 颡道等细节刻画要清楚； 3. 必要的符号标注要完整、清晰、指代明确； 4. 裙子的纱向线上要标注款号、裁片数、规格代号等必要信息； 5. 要在制作样衣后试穿，适当修改后定版			
任务完成时间	一个工作日（折合为6个学时，或由任务布置者给定）		

任务攻略

1. 款式特点

（1）样式：裙前中心对裥，右侧开口装拉链，绱腰，腰头缉明线，腰头尖型，钉挂钩。对裥裙款式图见图2-1-3。

（2）松量：腰围为0.5～1 cm；臀围为4～8 cm。

2. 版型要点

（1）腰、臀部位的数学模型与西服裙相似，其结构是在西服裙的基础上变化而来的。

（2）前片中央有裥裆。

3. 参考规格（表2-1-1）

表2-1-1　参考规格　　　　　　单位：cm

身高（h）	裙长（L）	腰围（W）	臀围（H）	腰头宽
165	65	70	100	3

4. 版型制图（图2-1-4）

图2-1-3　对裥裙款式图

5. 任务要求

（1）须针对首版进行样衣制作，观察成型效果，通过进一步修改和多次调整，最终定版。

（2）要由企业人员和教师共同提出修改意见。

值得注意的是裙片腰部颡道细节的处理，要符合企业高端成衣制作工艺的技术要求。

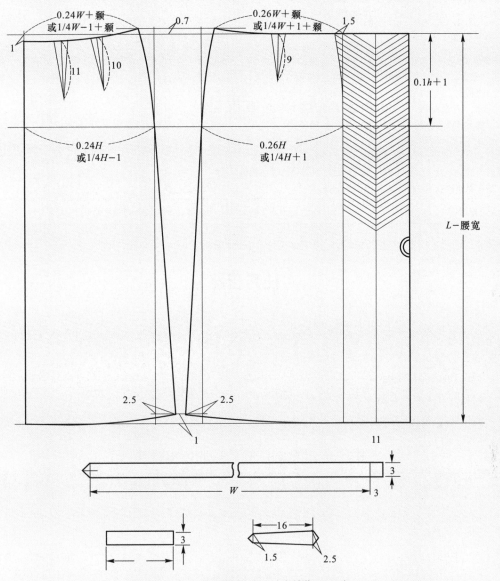

图2-1-4 对襟裙版型制图（单位：cm）

裙子前片颡道细节处理

任务二：多片裙版型设计（以六片裙为例）

工作任务单

任务名称	工作项目：裙子工业制版 子项目：时装裙设计版制作 任务：多片裙版型设计（以六片裙为例）		
任务布置者		任务承接者	
工作任务： 根据企业给定的款式图和参考尺寸，绘制六片裙的设计版，任务以工作小组（5 或 6 人 / 组）为单位进行。 提交材料： 以牛皮纸为制版材料，用 HB 制图铅笔绘制版型结构图。技术要求如下： 1. 图线要清晰、流畅； 2. 颡道等细节刻画要清楚； 3. 必要的符号标注要完整、清晰、指代明确； 4. 裙子的纱向线上要标注款号、裁片数、规格代号等必要信息； 5. 要在制作样衣后试穿，适当修改后定版			
任务完成时间	一个工作日（折合为 6 个学时，或由任务布置者给定）		

任务攻略

多片裙是指六片（含六片）以上裙片的裙子，一般为偶数片。设计多片裙的版型首先要确定成品的基本规格，进而分析每个主控部位，主要是腰围、臀围、裙长的数据；然后根据裙片数量计算出围度尺寸分配比例的数学模型：

分配比例 =1/ 片数

制图比例 =1/（片数×2）= 分配比例 /2

为了便于理解，这里将几种多片裙的围度制图比例数学模型列于表 2-1-2。

表 2-1-2　几种多片裙的围度制图比例数学模型

多片裙种类	小数比例模型	分数比例模型	分配部位
六片裙	0.083	1/12	
八片裙	0.062 5	1/16	
十片裙	0.05	1/20	腰围、臀围、下摆
十二片裙	0.042	1/24	
十六片裙	0.031	1/32	

1．款式特点

（1）样式：绱腰，腰头缉明线，后侧开口，装拉链，腰头尖型，钉挂钩。六片裙款式图见图 2-1-5。

（2）松量：臀围约为 12 cm，腰围为 1~2 cm。

2．版型要点

（1）腰、臀部位为适身型结构，在制图时一定要注意腰、臀部位数学模型的处理与数据的把握。

（2）后中心下落 0.5 cm。

3. 参考规格（表2-1-3）

表2-1-3 参考规格　　　　　　　　　　　单位：cm

身高（h）	裙长（L）	腰围（W）	臀围（H）	腰头宽
160	75	70	105	3

4. 版型制图（图2-1-6）

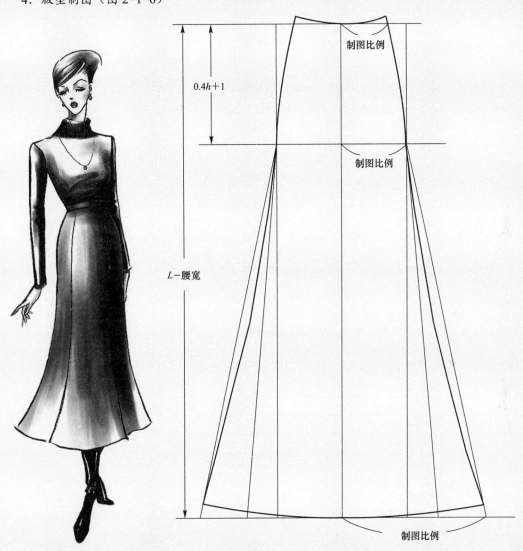

图2-1-5　六片裙款式图　　　　图2-1-6　多片裙的版型制图

5. 任务要求

（1）须针对首版进行样衣制作，观察成型效果，通过进一步修改和多次调整，最终定版。

（2）要由企业人员和教师共同提出修改意见。

6. 制图步骤（仅供参考）

（1）作一条直线，长度＝裙长－腰头宽（3 cm）。

（2）分别过中轴线两端点作垂直线，再分别向两端量取$0.083H$或$\frac{1}{12}H$。

(3) 过上平线在中轴线上向下量取 0.1h+1，作与上平线平行并交于中轴线的一条水平线为臀围线。

(4) 在臀围线与两侧线的交点上分别量取 15：1.5 与 15：3.5 的两条斜线与下平线相交。

(5) 在上平线与中轴线的交点处出发向两端分别量取 $0.083W$ 或 $\frac{1}{12}W$，端点向上起翘 0.5 cm 并分别与臀围线两端相连接成圆顺曲线。摆缝线画至下平线处。

(6) 将腰口弧线和下摆弧线画顺，保持两侧线与下摆线相交为直角。

(7) 后片下落 0.5 cm 左右。

任务三：斜裙版型设计

工作任务单

任务名称	工作项目：裙子工业制版 子项目：时装裙设计版制作 任务：斜裙版型设计		
任务布置者		任务承接者	
工作任务： 根据企业给定的款式图和参考尺寸，绘制斜裙的设计版，任务以工作小组（5 或 6 人 / 组）为单位进行。 提交材料： 以牛皮纸为制版材料，用 HB 制图铅笔绘制版型结构图。技术要求如下： 1. 图线要清晰、流畅； 2. 颧道等细节刻画要清楚； 3. 必要的符号标注要完整、清晰、指代明确； 4. 裙子的纱向线上要标注款号、裁片数、规格代号等必要信息； 5. 要在制作样衣后试穿，适当修改后定版。			
任务完成时间	一个工作日（折合为 6 个学时，或由任务布置者给定）		

任务攻略

1. 款式特点

(1) 样式：本斜裙为前、后两片。绱腰，腰头缉明线，后开口，装拉链，腰头尖型，搭袢，钉挂钩。斜裙款式图见图 2-1-7。

(2) 松量：无限制。

2. 版型要点

(1) 此款裙装的关键数学模型是腰口半径的计算，即只需注意腰围部位的数学模型即可，对于臀围在此款中无须考虑太多。

圆弧形腰口半径为 $0.32W$。计算公式为

$$半径 \times \pi/4 = W/4$$

所以，半径 $=W/\pi=0.32W$。

(2) 按照人体特征，后片中心下落 1 cm。

（3）斜纱处裙摆相对较短（因下摆斜丝腰伸长）。

（4）制图时，注意竖直的边线是侧缝线而不是中心线。

3. 参考规格（表2-1-4）

表2-1-4 参考规格　　　　　　　　　　单位：cm

裙长（L）	腰围（W）	腰头宽
70	72	3

4. 版型制图（图2-1-8）

5. 任务要求

（1）须针对首版进行样衣制作，观察成型效果，通过进一步修改和多次调整，最终定版。

（2）要由企业人员和教师共同提出修改意见。

6. 制图步骤（仅供参考）

（1）作一条直线为侧缝线，再作一条与侧缝线呈45°的斜线。

（2）如图2-1-8所示，以 O 点为圆心，分别以 $0.32W$ 和 $0.32W+$ 裙长为半径画弧线即腰口线和底摆线。

（3）后片与前片相同，只是腰口线在中线处下落 1 cm。

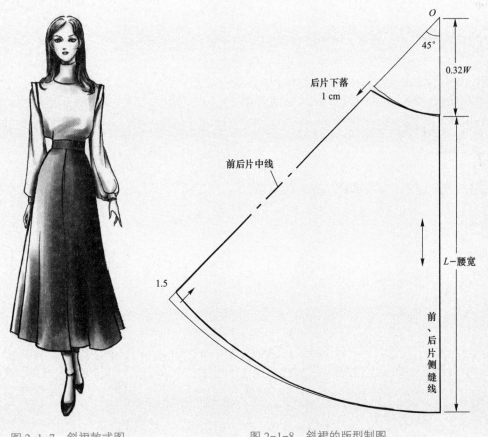

图2-1-7 斜裙款式图　　　　图2-1-8 斜裙的版型制图

任务四：拱形分割裙版型设计

工作任务单

任务名称	工作项目：裙子工业制版 子项目：时装裙设计版制作 任务：拱形分割裙版型设计		
任务布置者		任务承接者	

工作任务：
根据企业给定的款式图和参考尺寸，绘制拱形分割裙的设计版，任务以工作小组（5或6人/组）为单位进行。
提交材料：
以牛皮纸为制版材料，用HB制图铅笔绘制版型结构图。技术要求如下：
1. 图线要清晰、流畅；
2. 颡道等细节刻画要清楚；
3. 必要的符号标注要完整、清晰、指代明确；
4. 裙子的纱向线上要标注款号、裁片数、规格代号等必要信息；
5. 要在制作样衣后试穿，适当修改后定版。

任务完成时间	一个工作日（折合为6个学时，或由任务布置者给定）

任务攻略

1. 款式特点

（1）样式：装腰，裙片分前、后4片，裙摆宽大，腰部以下呈自然波浪形，后中缝上端装拉链。拱形分割裙款式图见图2-1-9。

（2）松量：无限制。

2. 版型要点

此款是在圆形裙的基础上作了结构分割，上部分与下部分之间用拱形线连接而成。总计4段拱形。

裙子的接缝可以有多种方式，最典型的是对接缝合、平缝缝合。教师可以提出明确要求。此要求对缝份的预留有决定性影响。

3. 参考规格（表2-1-5）

表2-1-5 参考规格 单位：cm

裙长（L）	净腰围（W）	腰头宽
72	62	3

图2-1-9 拱形分割裙款式图

4. 版型制图（图2-1-10）
5. 任务要求

（1）要将任务纳入多重循环体系，即对首版进行样衣制作，观察成型效果，通过进一步修改和多次调整，最终定版。

（2）要由企业人员和教师共同提出修改意见。

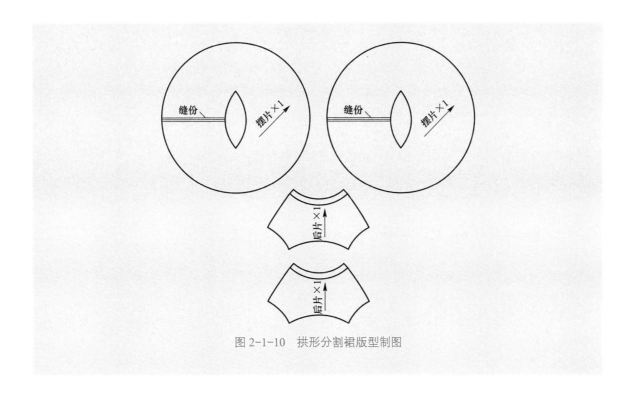

图 2-1-10 拱形分割裙版型制图

子项目二　裙子生产版制作

知识目标　了解裙子净版和毛版制作方法、裙子推档方法、裙子排料方法。

能力目标　掌握缝份加放能力、规格设计能力、推档能力、排料能力。

素质目标　提高审美素质，具有精益求精的意识、坚持不懈的精神，细节刻画态度认真。

任务一：裙子单规格生产版制作（含净版和毛版）

工作任务单

任务名称	工作项目：裙子工业制版 子项目：裙子生产版制作 任务：裙子单规格生产版制作（含净版和毛版）		
任务布置者		任务承接者	
工作任务： 需要将前面西服裙设计版转化为生产样版，并完成净版的制作。任务以工作小组（5 或 6 人/组）为单位进行。 提交材料： 以牛皮纸为制版材料。技术要求如下： 1. 图线要清晰、流畅； 2. 颡道等细节刻画要清楚； 3. 必要的符号标注要完整、清晰、指代明确； 4. 纱向线上要标注裙子的名称、版号、裁片数、规格代号； 5. 要保证必要的尺寸规格（尺寸规格可由任务布置者给定）			
任务完成时间	一个工作日（折合为 6 个学时，或由任务布置者给定）		

任务攻略

裙子的净版制作需要注意颡道根部的上翘细节，而毛版制作要注意缝份大小控制要均匀，而且在必要的位置要留有剪口标记。西服裙净版图和毛版图见图2-1-11、图2-1-12。

图2-1-11 西服裙净版图

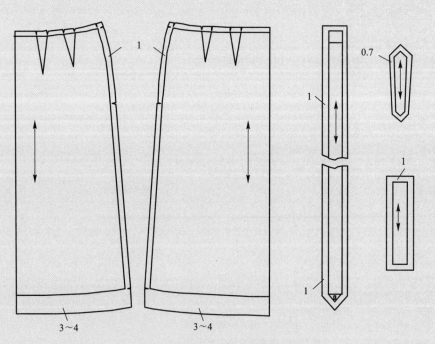

图2-1-12 西服裙毛版图（单位：cm）

任务二：裙子推档

工作任务单

任务名称	工作项目：裙子工业制版 子项目：裙子生产版制作 任务：裙子推档		
任务布置者		任务承接者	
工作任务： 需要将前面西服裙单规格生产版的毛样版转化为系列化生产版，任务以工作小组（5或6人/组）为单位进行。 提交材料： 以牛皮纸为制版材料，用0.5 mm自动铅笔绘制推档网状总图。技术要求如下： 1. 单档图线和系列图线要清晰、流畅； 2. 颡道等细节刻画要清楚，剪口标记要清晰； 3. 必要的符号标注要完整、清晰、指代明确； 4. 每个规格上要标注裙子的纱向线、剪口、名称、版号、裁片数、规格代号等必要信息； 5. 要保证必要的推档尺寸规格（尺寸规格可由任务布置者给定）			
任务完成时间	一个工作日（折合为6个学时，或由任务布置者给定）		

任务攻略

裙子推档已经成为当今服装生产必须要解决好的技术环节。为了满足大批量工业化生产的需要，服装企业通常将中间标准体的裙子样版按照一定的规律进行系列化规格设计，这种工作就是推档。推档的两个重要原则是保型和便捷。

裙子推档主要以西服裙、筒裙、斜裙为代表。这里建议给学生布置西服裙推档的任务。

（一）规格系列设置

西服裙规格系列设置见表2-1-6。

表2-1-6 西服裙规格系列设置

成品规格/cm 部位	号型	150	155	160	165	170	规格档差/cm
		58	62	66	70	74	
裙长		57	59.5	62	64.5	67	2.5
腰围		60	64	68	72	76	4
臀围		88.8	92.4	96	99.6	103.2	3.6

注：1. 本规格系列为5.4系列；
　　2. 以160/66号型规格作为中间号型绘制标准母版。

（二）直角坐标系的设定

基准线类似数学中的坐标轴，在服装工业纸样的推档过程中首先要确定推档的坐标轴。坐标轴的确定与否直接影响推档操作的简易程度。服装中坐标轴的概念与数学中坐标轴的概念有一定的差别。服装中的坐标轴可以采用直线或者曲线,在操作中应根据具体情况分析、选择,坐标轴的确定以简化推档操作为标准。

1. 确定坐标轴

(1) 西服裙前片选用臀围线为横坐标轴(X轴),前中心线为纵坐标轴(Y轴)。

(2) 西服裙后片选用臀围线为横坐标轴(X轴),后中心线为纵坐标轴(Y轴)。

2. 确定坐标原点

(1) 西服裙前片臀围线与前中心线的交点为前片推档的坐标原点。

(2) 西服裙后片臀围线与后中心线的交点为后片推档的坐标原点。

3. 确定档差(单位:cm)

△裙长(L)= 2.5,△腰围(W)= 4,△臀围(H)= 3.6。

教师可以根据教学需要临时给定其他档差数据。

三、档差计算与推档

1. 前片档差计算(图2-1-13)(单位:cm)

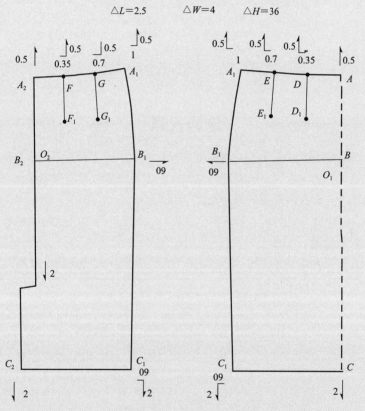

图2-1-13 西服裙档差分配示意(仅供参考,单位:cm)

(1) 腰长档差:0.1 号 = 0.5。

(2) 前腰围 AA_1:

横差 = $\triangle W/4$ = 1;

A:横差 = 0,纵差 = 腰长差 = 0.5;

A_1:横差 = 1,纵差 = 腰长差 = 0.5。

(3) 前臀围 BB_1：

横差 $= \Delta H/4 = 1$；

B：坐标原点，横差 $=$ 纵差 $= 0$；

B_1：横差 $= 0.9$，纵差 $= 0$。

(4) 前裙摆 CC_1：

横差 $= \Delta H/4 = 1$；

C：横差 $= 0$，纵差 $= \Delta L -$ 腰长档差 $= 2$；

C_1：横差 $= 0.9$，纵差 $= 2$。

(5) 前腰颡 DD_1：

D：横差 $= 1/3 \times \Delta W/4 = 0.35$，纵差 $=$ 腰长差 $= 0.5$；

D_1：横差 $= 0.35$，纵差 $= 0.5$。

(6) 前腰颡 EE_1：

E：横差 $= 2/3 \times \Delta W/4 = 0.7$，纵差 $=$ 腰长差 $= 0.5$；

E_1：横差 $= 0.7$，纵差 $= 0.5$。

2. 后片档差计算

点移动的计算方法可参考前片。

重点说明：为了便于使用推档尺进行手工推档操作，图 2-1-13 中各个点的移动，除了表示方向，还表示移动量。如 A_1 点，向量符号表示的是该点先左移 1 cm，再上移 0.5 cm。

四、西服裙推档网状图

图 2-1-14、图 2-1-15 分别是西服裙净版和毛版的推档网状图。教师可以参考这种网状图对学生的操作情况进行考核。

为了确保西服裙推档能够方便企业的加工缝制，西服裙推档应该把颡道细节的推放作为重点。相关的操作要领可参考二维码资源。

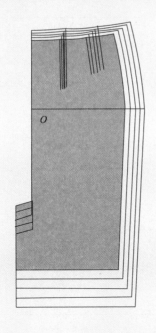
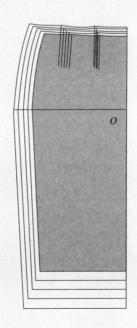

图 2-1-14 西服裙净版的推档网状图

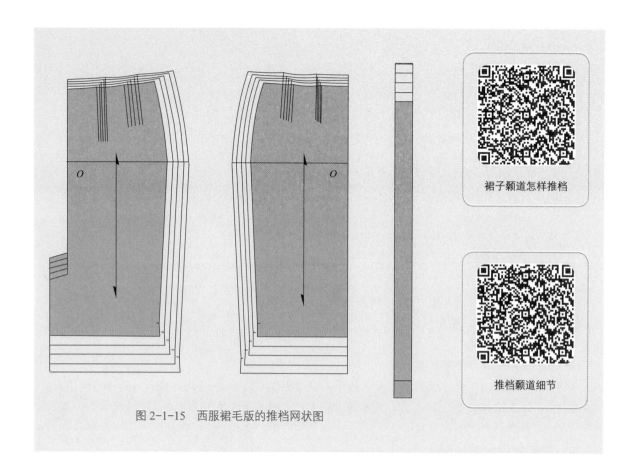

图 2-1-15 西服裙毛版的推档网状图

任务三：西服裙排料图绘制

工作任务单

任务名称	工作项目：裙子工业制版 子项目：裙子生产版制作 任务：西服裙排料图绘制		
任务布置者		任务承接者	
工作任务： 需要将前面制作出来的西服裙系列化生产版剪出纸样，并进行排料设计，绘制出排料图，任务以工作小组（5 或 6 人/组）为单位进行。 提交材料： 以牛皮纸为制版材料，用铅笔绘制西服裙排料图。技术要求如下： 1. 图线要清晰、流畅； 2. 每一个裁片必要的符号标注要完整、清晰； 3. 排料要体现符合工艺要求和节省面料的基本原则； 4. 每一个裁片纱向线上要标注裙子的裁片名称、规格代号； 5. 要测量出用料的米数（布匹尺寸规格可由任务布置者给定）			
任务完成时间	一个工作日（折合为 6 个学时，或由任务布置者给定）		

任务攻略

本书建议用西服裙裙片安排裙子排料任务,参考排料图见图2-1-16。

图2-1-16仅供学生在任务操作中参考。从本排料图中可以看到一共有5个规格:小号(S)1件、中号(M)2件、大号(L)3件、特大号(XL)2件、超大号(XXL)1件。教师可以根据需要重新制定排料件数。

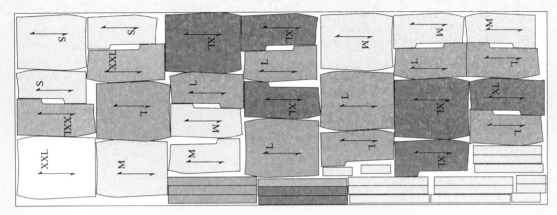

图2-1-16 裙子排料图(面料:114 cm幅宽,无倒顺)

子项目三 裙子 CAD 制版

知识目标 了解使用 CAD 工具进行时装裙版型设计的方法。

能力目标 掌握使用 CAD 进行制版、套版操作的能力,使用 CAD 软件给裙子加放缝份和标记的能力,使用 CAD 软件进行推档和排料的能力。

素质目标 提高审美素质,具有精益求精的意识、吃苦耐劳的精神,细节刻画态度认真。

裙子 CAD 制版任务主要是使用计算机辅助设计(简称 CAD)手段来完成裙子的生产版制作。

裙子 CAD 制版子项目要培养的核心能力包括:使用 CAD 进行制版、套版操作的能力,使用 CAD 软件给裙子加放缝份和标记的能力,使用 CAD 软件进行推档和排料的能力。

教师可以根据实际情况调整 CAD 制版的子项目,涉及的制图公式可以参考手工制图。这里仅以西服裙 CAD 制版为例。

任务一：西服裙版型绘图

工作任务单

任务名称	工作项目：裙子工业制版 子项目：裙子 CAD 制版 任务：西服裙版型绘图		
任务布置者		任务承接者	
工作任务： 根据企业给定的款式图和参考尺寸，使用 CAD 绘制西服裙的设计版，任务以单人为单位（也可根据实际情况分组）进行。 提交材料： 以 CAD 为基本工具，绘制西服裙的版型结构图，使用绘图仪打印出 1：1 比例图纸，最后提交 CAD 文件。技术要求如下： 1. 图线要清晰、流畅，颡道等细节刻画要清楚； 2. 必要的符号标注要完整、清晰、指代明确（缝边的细节不作要求）； 3. 裙子的纱向线上要标注款号、裁片数、规格代号等必要信息； 4. 要在制作样衣后试穿，适当修改后定版，定版后提交 CAD 文件，文件名要符合规范要求			
任务完成时间	一个工作日（折合为 6 个学时，或由任务布置者给定）		

任务攻略

1. 款式特点

（1）样式：底摆外参，裙后中心开衩，右侧开口装拉链，绱腰，腰头缉明线，腰头尖型，钉挂钩。西服裙款式图见图 2-1-17。

（2）松量：腰围为 0.5～1 cm；臀围为 4～8 cm。

2. 版型要点

（1）腰、臀部位的数学模型与西服裙相似，其结构是在西服裙的基础上变化而来的。

图 2-1-17 西服裙款式图

（2）后片中央有开衩。

3. 参考规格（表 2-1-7）

表 2-1-7 参考规格　　　　单位：cm

身高（h）	裙长（L）	腰围（W）	臀围（H）	腰头宽
165	65	70	100	3

4. 版型制图（图 2-1-18）

5. 任务要求

（1）须针对首版进行样衣制作，观察成型效果，通过进一步修改和多次调整，最终定版。

（2）要由企业人员和教师共同提出修改意见。

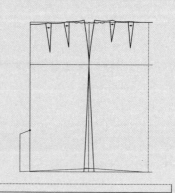

图 2-1-18 西服裙版型 CAD 制图

任务二：西服裙生产版制作

任务名称	工作项目：裙子工业制版 子项目：裙子 CAD 制版 任务：西服裙生产版制作		
任务布置者		任务承接者	
工作任务： 使用 CAD 将前面西服裙设计版转化为生产样版，任务以工作小组（5 或 6 人 / 组）为单位进行。 提交材料： 以 CAD 为制版工具，完成西服裙生产版制图（含净版与毛版），最终提交 CAD 文件。技术要求如下： 1. 图线要清晰、流畅，净份线和毛份线清晰明了； 2. 颡道等细节刻画要清楚，缝边宽度控制要均匀，转角处理要合理； 3. 必要的符号标注要完整、清晰、指代明确，要有清晰的剪口标记； 4. 纱向线上要标注裙子的名称、版号、裁片数、规格代号； 5. 要保证必要的尺寸规格（尺寸规格可由任务布置者给定）			
任务完成时间	一个工作日（折合为 6 个学时，或由任务布置者给定）		

任务攻略

西服裙的净版制作需要注意颡道根部的上翘细节，而毛版制作要注意缝份大小控制要均匀，而且在必要的位置要留有剪口标记。西服裙工业样版 CAD 制图见图 2-1-19。

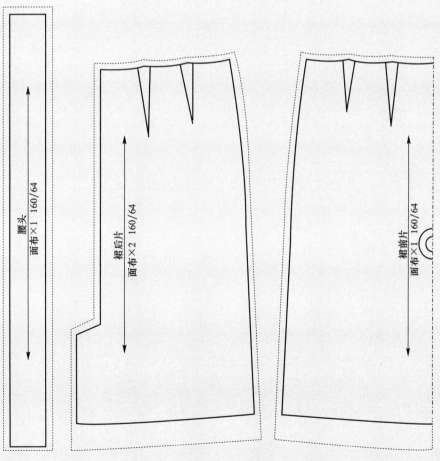

图 2-1-19　西服裙工业样版 CAD 制图

任务三：西服裙 CAD 推档

工作任务单

任务名称	工作项目：裙子工业制版 子项目：裙子 CAD 制版 任务：西服裙 CAD 推档		
任务布置者		任务承接者	
工作任务： 使用 CAD 将前面西服裙单规格生产版转化为系列化生产版，任务以工作小组（5 或 6 人 / 组）为单位进行。 提交材料： 以 CAD 为基本工具绘制推档网状总图，并按 1∶1 比例打印输出，最后提交 CAD 文件。技术要求如下： 1. 每一档纸样的边缘线条要清晰、流畅； 2. 颡道等细节刻画要清楚，剪口标记要清晰； 3. 必要的符号标注要完整、清晰、指代明确； 4. 每个规格上要标注裙子的纱向线、剪口、名称、版号、裁片数、规格代号等必要信息； 5. 要保证必要的推档尺寸规格（尺寸规格可由任务布置者给定）			
任务完成时间	一个工作日（折合为 6 个学时，或由任务布置者给定）		

任务攻略

1. 参考规格（表 2-1-8）

表 2-1-8　参考规格

成品规格 /cm 部位	号型	150	155	160	165	170	规格档差 /cm
		58	62	66	70	74	
裙长		57	59.5	62	64.5	67	2.5
腰围		60	64	68	72	76	4
臀围		88	92	96	100	104	4

2. 推档总图（图 2-1-20）

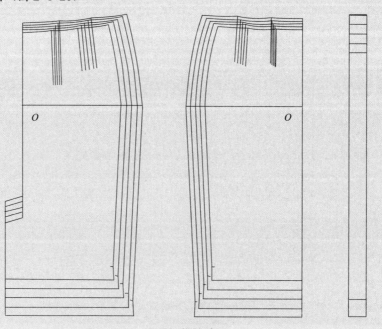

图 2-1-20　西服裙推档总图

3. 任务要求

（1）须针对定版的西服裙样版进行推档。

（2）要由企业人员和教师共同提出修改意见。

（3）推档操作可参考西服裙的手工推档过程。

任务四：西服裙 CAD 排料

工作任务单

任务名称	工作项目：裙子工业制版 子项目：裙子 CAD 制版 任务：西服裙 CAD 排料		
任务布置者		任务承接者	
工作任务： 将前面使用 CAD 制作并打印出来的西服裙系列化生产版纸样进行排料设计，绘制出排料图，任务以单人为单位（也可根据实际情况分组）进行。 提交材料： 最后的作业结果以 CAD 文件的形式提交。技术要求如下： 1. 文件名要符合规范，制图线条要清晰、流畅，每一个裁片必要的符号标注要完整、清晰； 2. 排料要体现符合工艺要求和节省面料的基本原则； 3. 每一个裁片的纱向线上要标注裙子的裁片名称、规格代号； 4. 要测量出用料的米数（布匹幅宽规格可由任务布置者给定）			
任务完成时间	一个工作日（折合为 6 个学时，或由任务布置者给定）		

任务攻略

使用 CAD 进行西服裙排料具有速度快的优势，但 CAD 排料也有不如手工操作的方面，那就是面料的利用率比手工排料略低，但是速度的优势完全可以弥补这方面的不足。教师可以根据需要给学生布置 CAD 排料任务，图 2-1-21 就是使用 CAD 进行的西服裙排料图。

图 2-1-21　使用 CAD 进行的西服裙排料图（仅供参考）

子项目四　裙子定制制版

知识目标　了解时装裙版型设计如何操作、时装裙常见的版型结构变化。

能力目标　掌握数据量体采集能力、体型观察能力、版型调整能力。

素质目标　增强沟通能力、审美素质，具有精益求精的意识、坚持不懈的精神，能对裙子合体与造型的辩证统一规律有所认识。

裙子定制制版任务主要是针对不同体型顾客的身材数据进行制版，要熟练掌握量体取得数据的能力，能使用适当的裁剪方法对数据进行处理，并在限定的时间内制作出特定体型的某款裙子的版型。

教师可以根据实际情况制定裙子定制制版子项目。这里仅以小底摆西服裙定制为例。

任务：后开衩西服裙制版

工作任务单

任务名称	工作项目：裙子工业制版 子项目：裙子定制制版 任务：后开衩西服裙制版		
任务布置者		任务承接者	
工作任务： 根据企业给定的款式图和目标人体（顾客）进行后开衩西服裙的定制制版，任务以工作小组（5 或 6 人/组）为单位进行。 提交材料： 以牛皮纸等为制版材料，用 HB 制图铅笔绘制版型结构图。技术要求如下： 1. 图线要清晰、流畅，颡道等细节刻画要清楚； 2. 必要的符号标注要完整、清晰、指代明确； 3. 裙子的纱向线上要标注款号、裁片数、规格代号等必要信息； 4. 要在制作样衣后试穿，适当修改后定版，并确定最终的尺寸规格数据			
任务完成时间	一个工作日（折合为 6 个学时，或由任务布置者给定）		

任务攻略

根据具体的体型特征，绘制出对应体态的西服裙版型。

西服裙又称西装裙。它通常与西服上衣或衬衣配套穿着。在裁剪结构上，常采用收颡、打褶等方法使腰、臀部合体，长度在膝盖上、下变动，为便于活动多在前、后打褶或开衩。这款西服裙可以作为各种裙子变化的依据，因此可以将这个裙型称为基型裙。

如遇到低腰款式的要求，可以先按照正常的腰高来进行，再将腰口下落到适当的高度，前提是要保证尺寸规格数据。

1. 款式特点

（1）样式：底摆内收，绱腰，缉明线，腰头钉挂钩或纽扣，后中缝上端开口装拉链，下端开衩。西服裙的款式图见图 2-1-22。

（2）松量：臀围为 4~8 cm；腰围为 0.5~1 cm。

2. 版型要点

（1）臀围处较为合体。

（2）裙摆尺寸比臀围略小，整体呈现上大下小的廓形。

（3）裙后片腰口低落1 cm。

（4）如果成品腰围与人体净腰围不在同一水平线上，版型框架按人体净腰围线来制图。

（5）制版时要充分接纳顾客的意见和要求。

3. 量体事项

主控部位一般无须太多，主要有裙长、腰围、臀围。教师可以安排学生分组测量目标人体的数据。

图 2-1-22　西服裙的款式图

4. 参考规格（表2-1-9）

表 2-1-9　参考规格　　　　　　　　　　　　　　　　单位：cm

身高（h）	裙长（L）	腰围（W）	臀围（H）	腰头宽
160	76	70	96	3

5. 版型制图（图2-1-23）

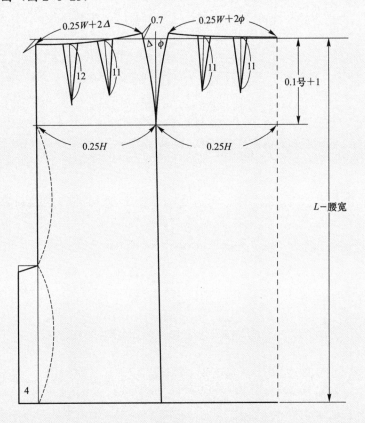

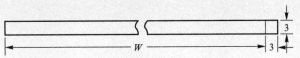

图 2-1-23　西服裙版型制图（仅供参考，单位：cm）

在基型西服裙的基础上，还可以进一步作分割、切展等一系列变化，演化出更多的变款时装裙。当然，这都是在与顾客充分交流和协商的基础上进行的。前片分割型时装裙版型见图2-1-24。

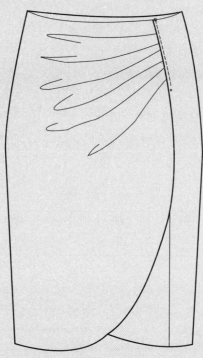

图 2-1-24　前片分割型时装裙版型（延伸设计）

重要提示：裙子工业制版知识链接见本书第三部分"项目一　裙子工业制版"二维码资源。

项目二 裤子工业制版

裤子工业制版大致可以分为时装裤设计版制作、裤子生产版制作、裤子 CAD 制版和裤子定制制版 4 个子项目。根据实际需要，教师可以从中选择合适的子项目来安排教学。

子项目一 时装裤设计版制作

知识目标 了解时装裤版型设计操作方法、时装裤常见的版型结构变化。
能力目标 掌握颡道设置与转移能力、分割线设计与调整能力。
素质目标 提高审美素质，具备精益求精的意识、坚持不懈的精神。

时装裤的整体外观设计，可以直接通过改变臀围、中裆和脚口规格的大小来实现。时装裤版型变化是在原型裤的基础上进行的变款处理。其具体的操作除了可以采用常规裤片进行剪切、展开、移位、合并等版型处理外，也可以通过打破常规时装裤的数学模型（即制图公式）直接进行变化。

一、时装裤前、后片裤中线位置的设计

时装裤前片裤中线的位置总是伴于前上裆横线的中分线位置，从而达到横裆对称、中裆对称、裤口对称，称为三对称前裤片，而时装裤后片裤中线的位置是根据时装裤款式和工艺制作方法的不同有所变化的，其具体变化有下列规律可循：

首先，裤后片裤中线位于后中裆的中分线位置（做三对称后裤片），这样裁剪出的时装裤在制作时不需要归拔工艺的处理，后裤身裤中线的成型形状为直线状。

其次，裤后片裤中线位于后上裆线中分线偏外 0.5~1 cm 的位置处（偏外指向侧缝方向），这样

裁剪出的时装裤在制作时稍需归拔工艺的处理来达到三对称结构,后裤身裤中线的成型形状略呈弯曲状。

最后,裤后片裤中线位于后上裆线中分线偏外 1~1.5 cm 位置处,这种结构形式的时装裤在制作时必须经过归拔工艺的处理来达到三对称结构,后裤身裤中线的成型形状为合体的曲线状。

以上三种情况是时装裤结构设计的变化情况,但是注意排料时一定要保证前后挺缝为直丝绺,否则就会出现裤中线歪曲现象。

以上裤中线的各种规律仅仅是一般性规律,对于品牌开发企业来说,样衣试穿与调整是必不可少的。可以说,制作样衣,通过观察样衣效果来寻找优缺点,然后对裤中线以及其他部位作进一步调整,是时装裤版型设计的根本方法。

二、时装裤主控部位的灵活调整

时装裤的主控部位有腰围、臀围、横裆大,三者的关系十分密切。臀围与腰围两者相距 20~22 cm;臀围距横裆线只有 8~10 cm,这三者明显是臀围起主导作用。

设计时装裤时,一般腰围的成品尺寸按净腰围加放 2~4 cm;臀围的成品尺寸按净臀围加放 12~16 cm,所以正常人的腰围与臀围尺寸一般都相差 20~25 cm,女裤要相差 25~30 cm。由于腰围与臀围尺寸差数较大,因此也给腰头部位的调试平衡带来有利的条件,可以充分利用前、后身颡缝、折缝撇度,达到与臀围尺寸匹配,一般不会产生什么问题。问题是在处理技巧上,要善于根据体型进行调试,腹部大的,要把空间向前调;臀部大的,要把空间向后调,这样就能保证臀围与腰围尺寸融洽自如,穿着舒适。

横裆大的设计方法很多,最早欧洲的办法是用臀围 1∶0.35 求横裆肥。在我国,21 世纪初就有人用臀围的 1/3 来求横裆肥。这两个计算尺寸比较接近,可以作为两个部位的对比基数供人们参考。

在时装裤的裁断设计中,要将体型与服饰美融为一体,使时装裤造型,动有动的线条,静有静的轮廓,与上装风格互相和谐,相互匹配,使人有整体美的感觉,让时装裤露出它的本色,在潇洒中平展,在平展中潇洒。总之,兼顾合体性与造型性,就可以设计出丰富多样的时装裤版型结构。

三、时装裤设计规格

(1)裤长(SL):
到大腿中部:$0.25\,h$;
齐膝裤:$0.36\,h$;
中长裤:$0.5\,h \pm x$;
长裤:$0.6\,h \pm x$。
(2)裤长(TL):
一般西裤:$0.6\,h+4$ cm;
长直筒裤:$0.6\,h+6$ cm;
九分裤:$0.6\,h-6$ cm;
中裤:$0.36\,h$。
(3)腰围(W)= 净胸围(14~18 cm)= 净腰围 +0~2 cm=W。
(4)臀围(H):

宽松：H_0+18 cm；

较宽松：$H_0+12\sim15$ cm；

较贴体：$H_0+6\sim10$ cm；

贴体：$H_0+3\sim3.5$ cm（弹性面料为0）。

（5）膝围（KL）：

宽松：$0.2H+4\sim5$ cm（不包含裤裤）；

适中：$0.2H+2.5\sim3$ cm；

贴体：$0.2H+1\sim2$ cm。

（6）裤口（SB）=$0.2H\pm x$。

任务一：筒形裤版型设计（推荐）

工作任务单

任务名称	工作项目：裤子工业制版 子项目：时装裤设计版制作 任务：筒形裤版型设计		
任务布置者		任务承接者	
工作任务： 根据企业给定的款式图和参考尺寸，绘制筒形裤的设计版，任务以工作小组（5或6人/组）为单位进行。 提交材料： 以牛皮纸为制版材料，用HB制图铅笔绘制版型结构图。技术要求如下： 1. 图线要清晰、流畅； 2. 额道等细节刻画要清楚； 3. 必要的符号标注要完整、清晰、指代明确； 4. 裤子的纱向线上要标注款号、裁片数、规格代号等必要信息； 5. 要在制作简单样衣后试穿，适当修改后定版			
任务完成时间	一个工作日（折合为6个学时，或由任务布置者给定）		

任务攻略

筒形裤是指中裆以下呈筒状的时装裤，这类时装裤一般可以根据原型裤来变化，要点是将原型裤的中裆线位置提高，同时将裤口放大，与中裆大小相同。一般情况下，要事先给定脚口围度。当然，这种时装裤也可以通过制图来设计，而且可以在样衣试穿和调整以后作为新类型的原型裤使用。下面介绍这种时装裤的制图方法。

1. 款式特点

（1）样式：线条简洁、适身形，前裤片左、右各有一个额道，弯插袋，门里襟装拉链；后裤片左、右各有一个额道，装腰。筒形裤款式图见图2-2-1。

（2）松量：臀围为4~8 cm；腰围为1~2 cm。

2. 版型要点

（1）臀围处较为合体，裤筒为宽松型。

图2-2-1 筒形裤款式图

（2）脚口与中裆大小一致。前、后片在制图时可以采用0.23和0.27的配比。

（3）后片烫迹线位置取大裆端点至侧缝线的中央（可以适当后移1~2 cm）。

（4）前片弯插袋处容纳一个0.5 cm左右的颧量，以缓解侧缝过于弯曲。

3. 参考规格（表2-2-1）

表2-2-1 参考规格　　　　　　　　　　　　　　单位：cm

身高（h）	裤长（L）	腰围（W）	臀围（H）	中裆	脚口
170	102	70	98	24	24

4. 版型制图（图2-2-2）

需要提示的是，中裆线基本上是对应人体的膝围线的，但裤子中裆线并非一个固定的水平位置，可以根据实际需要进行上下调节，这从本质上体现了合体与造型兼顾的原则。

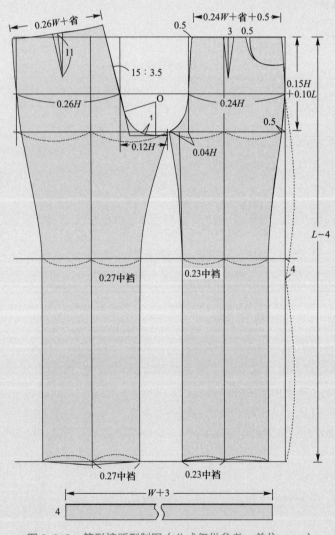

裤子中裆位置变化

图2-2-2 筒形裤版型制图（公式仅供参考，单位：cm）

任务二：牛仔裤版型设计

工作任务单

任务名称	工作项目：裤子工业制版 子项目：时装裤设计版制作 任务：牛仔裤版型设计		
任务布置者		任务承接者	
工作任务： 根据企业给定的款式图和参考尺寸，绘制牛仔裤的设计版，任务以工作小组（5或6人/组）为单位进行。 提交材料： 以牛皮纸为制版材料，用HB制图铅笔绘制版型结构图。技术要求如下： 1. 图线要清晰、流畅； 2. 颡道等细节刻画要清楚； 3. 必要的符号标注要完整、清晰、指代明确； 4. 裤子的纱向线上要标注款号、裁片数、规格代号等必要信息； 5. 要在制作样衣后试穿，适当修改后定版			
任务完成时间	一个工作日（折合为6个学时，或由任务布置者给定）		

任务攻略

1. 款式特点

（1）样式：贴体紧身，装腰，前裤片无裥，插袋，右插袋内缝一个小贴袋，门里襟装拉链；后裤片有后翘育克，尖角贴袋左右各一个；前袋口、门襟、后贴袋、后翘、腰头及侧缝等均缉明线。牛仔裤款式图见图2-2-3。

（2）松量：臀围为4～6 cm；腰围为1～2 cm。

2. 版型要点

（1）前、后臀围分配均为$0.25H$。

（2）前、后腰围分配分别为$0.26W$和$0.24W$。

（3）后裤片上裆斜线的斜度为15 : 4。

（4）后裤片上翘部分按颡道转移规律进行，将颡缝合并。

3. 参考规格（表2-2-2）

图2-2-3 牛仔裤款式图

表2-2-2 参考规格　　　　单位：cm

身高（h）	裤长（L）	腰围（W）	臀围（H）	上裆	中裆	脚口
170	103	70	98	26	42	40

从规格表中可以看出：牛仔裤的主控部位个数比原型裤多，这意味着牛仔裤的合体要求比原型裤高。当然，这款牛仔裤经过试穿调整以后，可以作为各种变款牛仔裤变化的依据——牛仔裤基本型，简称基型。

4. 版型制图（图2-2-4）

牛仔裤作为时装裤类别，版型结构变化是非常丰富的，因为每一款具体的时装裤版型都在不同的部位呈现出变化的特征。关于这一点可以参考相关的二维码资源。

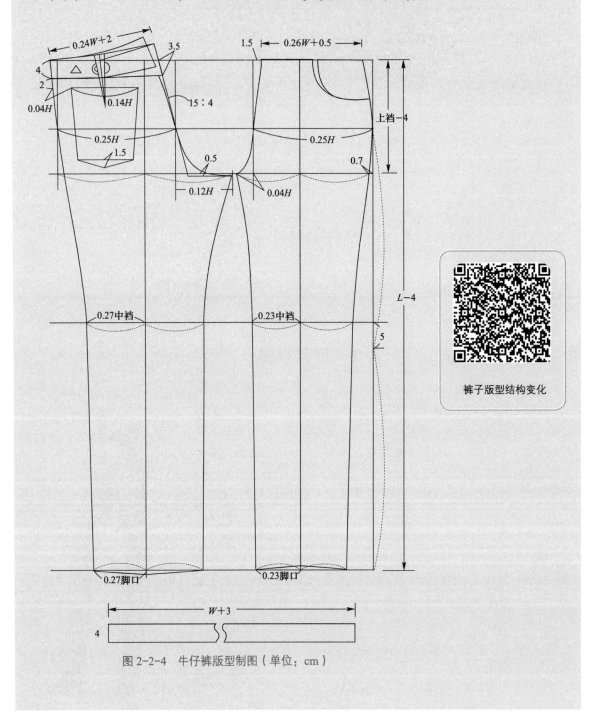

图2-2-4 牛仔裤版型制图（单位：cm）

任务三：短裤版型设计

工作任务单

任务名称	工作项目：裤子工业制版 子项目：时装裤设计版制作 任务：短裤版型设计		
任务布置者		任务承接者	
工作任务： 根据企业给定的款式图和参考尺寸，绘制短裤的设计版，任务以工作小组（5或6人/组）为单位进行。 提交材料： 以牛皮纸为制版材料，用HB制图铅笔绘制版型结构图。技术要求如下： 1. 图线要清晰、流畅； 2. 颡道等细节刻画要清楚； 3. 必要的符号标注要完整、清晰、指代明确； 4. 裤子的纱向线上要标注款号、裁片数、规格代号等必要信息； 5. 要在制作样衣后试穿，适当修改后定版			
任务完成时间	一个工作日（折合为6个学时，或由任务布置者给定）		

任务攻略

1. 款式特点

（1）样式：前裤片左、右各设褶裥一个，插袋，前开门装拉链；后裤片左、右各收颡两个，平脚口，装腰。短裤款式图见图2-2-5。

（2）松量：臀围为8～12 cm；腰围为2 cm左右。

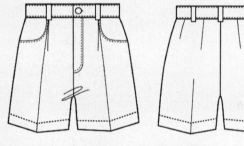

图2-2-5 短裤款式图

2. 版型要点

（1）后裤片落档量较大（2 cm以上）。
（2）不同袋型应配以不同的褶裥。

3. 参考规格（表2-2-3）

表2-2-3 参考规格　　　　　　　　　　　单位：cm

身高（h）	裤长（L）	腰围（W）	臀围（H）	脚口
170	48	75	100	50

4. 版型制图（图2-2-6、图2-2-7）

5. 任务要求

教师要限定操作时间，在规定时间内完成首版设计任务，然后迅速转入样衣制作和版型修改环节。

提示：按照上面的数学模型打出的基本型，完全可以作为儿童短裤的首版来使用。例如，儿童短裤就几乎完全照搬成年人短裤的结构来设计首版。图2-2-8、图2-2-9为儿童短裤版型制图和儿童短裤版型变款制图。

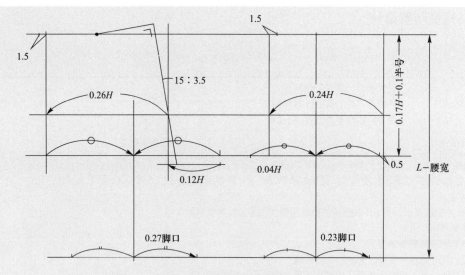

图 2-2-6　短裤版型框架制图（公式仅供参考）

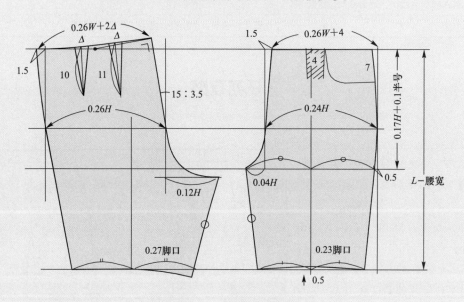

图 2-2-7　短裤版型制图

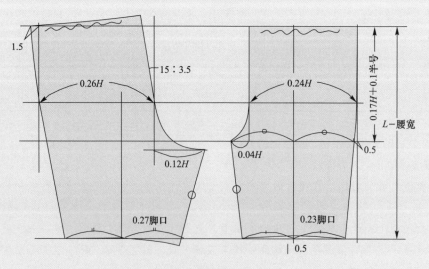

图 2-2-8　儿童短裤版型制图（单位：cm）

图 2-2-9 儿童短裤版型变款制图

子项目二 裤子生产版制作

知识目标 了解裤子净版和毛版制作方法、裤子推档方法、裤子排料方法。
能力目标 掌握裤子缝份加放能力、规格设计能力、推档能力。
素质目标 提高审美素质，具有精益求精的意识、坚持不懈的精神，细节刻画态度认真。

裤子生产版制作子项目包括裤子单规格净版制作、裤子单规格毛版制作、裤子系列化样版制作和裤子排料等几个典型工作任务。教师可以根据实际需要酌情布置。

任务一：裤子单规格净版制作

工作任务单

任务名称	工作项目：裤子工业制版 子项目：裤子生产版制作 任务：裤子单规格净版制作		
任务布置者		任务承接者	
工作任务： 将前面筒形时装裤设计版转化为生产净样版，任务以工作小组（5或6人/组）为单位进行。 提交材料： 以牛皮纸为制版材料。技术要求如下： 1. 图线要清晰、流畅； 2. 颡道等细节刻画要清楚； 3. 必要的符号标注要完整、清晰、指代明确； 4. 纱向线上要标注裤子的名称、版号、裁片数、规格代号； 5. 要保证必要的尺寸规格（尺寸规格可由任务布置者给定）			
任务完成时间	一个工作日（折合为6个学时，或由任务布置者给定）		

任务攻略

当首版经过样衣试制、试穿并修改的反复以后,一旦确认可以定版,接下来设计版就要进入生产版制作阶段了。生产版主要包括净版和毛版两部分。生产版制作在企业当中往往需要由专人来完成,在社会上有很多版房都在为企业提供制作生产版的专项服务。由于这部分内容不是本书的重点,因此只简要讲解。

时装裤净样版一般作为工艺操作过程中的斧正样版,属于工艺辅助样版的范畴。该类样版要求尺寸精确,所用材料要坚韧,容易保存。净样版一般都可以反映出时装裤的基本版型。图 2-2-10、图 2-2-11 为时装裤净版图。

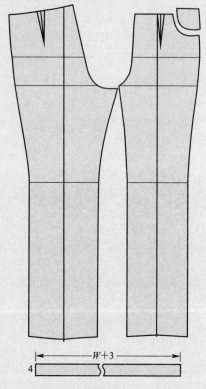

图 2-2-10　时装裤净版图(一)(单位:cm)　　图 2-2-11　时装裤净版图(二)

任务二:裤子单规格毛版制作

工作任务单

任务名称	工作项目:裤子工业制版 子项目:裤子生产版制作 任务:裤子单规格毛版制作		
任务布置者		任务承接者	
工作任务: 需要将前面筒形时装裤设计版转化为生产毛样版,任务以工作小组(5或6人/组)为单位完成该工作过程。 提交材料: 以牛皮纸为制版材料的筒形时装裤毛版制图。技术要求如下: 1. 图线要清晰、流畅; 2. 颡道等细节刻画要清楚; 3. 必要的符号标注要完整、清晰、指代明确; 4. 纱向线上要标注裤子的名称、版号、裁片数、规格代号; 5. 要保证必要的尺寸规格(尺寸规格可由任务布置者给定)			
任务完成时间	一个工作日(折合为6个学时,或由任务布置者给定)		

任务攻略

时装裤的毛样版是在净样版的基础上加放缝边以及折边的量得到的，属于裁剪样版这一大类。一般没有特殊说明的部位，缝边均按 1 cm 来设置。毛样版需要做好纱向标记，纱向标记一般要画得很长，以便于排料操作。此外，还要打好关键部位的剪口。由于这部分内容属于生产环节，因此本书讲解从略。时装裤毛版图见图 2-2-12。

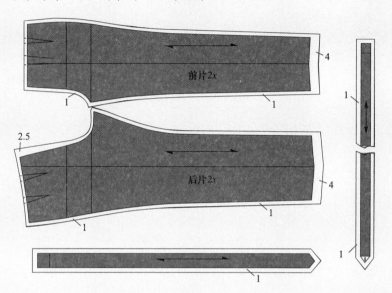

图 2-2-12　时装裤毛版图（单位：cm）

任务三：裤子推档

工作任务单

任务名称	工作项目：裤子工业制版 子项目：裤子生产版制作 任务：裤子推档		
任务布置者		任务承接者	
工作任务： 将前面筒形裤单规格生产版的毛样版转化为系列化生产版，任务以工作小组（5 或 6 人/组）为单位进行。 提交材料： 以牛皮纸为制版材料，用 0.5 mm 自动铅笔绘制推档网状总图。技术要求如下： 1. 单档图线和系列图线要清晰、流畅； 2. 颡道等细节刻画要清楚，剪口标记要清晰； 3. 必要的符号标注要完整、清晰、指代明确； 4. 每个规格上要标注裤子的纱向线、剪口、名称、版号、裁片数、规格代号等必要信息； 5. 要保证必要的推档尺寸规格（尺寸规格可由任务布置者给定）			
任务完成时间	一个工作日（折合为 6 个学时，或由任务布置者给定）		

任务攻略

时装裤的推档，指的是把可以投产的样版进行大小规格不等的变化，从而制作出系列化样版的工序。时装裤的推档要兼顾两大原则：便捷性和保型性。我国在时装裤的系列化规格方面早已出台了指导性的标准，那就是号型系列标准。本书仅以原型裤为例，简单介绍时装裤推档的基本方法。

（一）规格系列设置

规格系列设置见表 2-2-4。

表 2-2-4 规格系列设置

成品规格/cm 号型 部位	160	165	170	175	180	规格档差/cm
	70	74	78	82	86	
裤长	100	102	104	106	108	2
腰围	72	76	80	84	88	4
臀围	101.6	104.8	108	111.2	114.4	3.2
上裆	30	30.5	31	31.5	32	0.5
中裆	46	47	48	49	50	1
下口	46	47	48	49	50	1
袋口	14.5	15	15.5	16	16.5	0.5

注：1. 本规格系列为 5.4 系列；
2. 按照本规格系列推档以 170/78 号型规格作为中间号型绘制标准母版

（二）基本设定

1. 确定坐标轴

（1）男原型裤前片选用横裆线为横坐标轴（X 轴），前片烫迹线为纵坐标轴（Y 轴）。

（2）男原型裤后片选用横裆线为横坐标轴（X 轴），后片烫迹线为纵坐标轴（Y 轴）。

2. 确定坐标原点

（1）男原型裤前片横裆线与烫迹线的交点为坐标原点。

（2）男原型裤后片横裆线与烫迹线的交点为坐标原点。

3. 确定档差（单位：cm）

Δ 裤长（L）= 2；Δ 腰围（W）= 4；Δ 臀围（H）= 3.2；Δ 上裆 = 0.5；Δ 中裆 = 1；Δ 下口 = 1；Δ 袋口 = 0.5。

（三）男原型裤档差计算与推档（仅供参考）

1. 前片档差计算（单位：cm）

（1）前腰围 AA_1：

横差 = $\frac{1}{4} \Delta W$ = 1；

A：横差 = $\frac{3}{5}$ × 前腰围横差 = 0.6，纵差 = Δ 上裆 = 0.5；

A_1：横差 = $\frac{2}{5}$ × 前腰围横差 = 0.4，纵差 = 0.5。

（2）腰颡 FF_1（颡中心线）：

F：横差 = $\frac{1}{2} A$ 横差 = 0.3，纵差 = 0.5；

F_1：横差 = 0.3，纵差 = 0.5（保证颡长不变）。

（3）前臀围 BB_1：

横差 = $\frac{1}{4} \Delta H$ = 0.8；

B：横差 = $\frac{3}{5}$ 前臀围横差 = 0.5，纵差 = $\frac{1}{3} \Delta$ 上裆 = 0.17；

B_1：横差 $=\frac{2}{5}$ 前臀围横差 $=0.3$，纵差 $=0.17$。

（4）横裆线 CC_1：

C_1：横差 $= B_1$ 横差 $+ 0.04\Delta H = 0.45$，纵差 $= 0$；

C：横差 $= 0.45$，纵差 $= 0$。

（5）下口 DD_1：

D：横差 $= 0.23\Delta$ 下口 $= 0.23$，纵差 $= \Delta L - \Delta$ 上裆 $= 1.5$；

D_1：横差 $= 0.23$，纵差 $= 1.5$。

（6）中裆 EE_1：

E：横差 $= 0.23\Delta$ 中裆 $= 0.23$（可用 0.25 替代），纵差 $= 0.7$（比 $\frac{1}{2}$ 下口纵差稍小）；

E_1：横差 $= 0.23$（可用 0.25 替代），纵差 $= 0.7$。

2. 后片档差计算（单位：cm）

（1）后腰围 AA_1：

横差 $= \frac{1}{4}\Delta W = 1$；

A：横差 $= \frac{4}{5} \times$ 前腰围横差 $= 0.8$，纵差 $= \Delta$ 上裆 $= 0.5$；

A_1：横差 $= \frac{1}{5} \times$ 前腰围横差 $= 0.2$，纵差 $= 0.5$。

（2）腰颡 FF_1、GG_1（颡中心线）：

F：横差 $= \frac{1}{4} A$ 横差 $= 0.2$，纵差 $= 0.5$；

F_1：横差 $= 0.2$，纵差 $= 0.5$；

G：横差 $= 0.5$，纵差 $= 0.5$；

G_1：横差 $= 0.5$，纵差 $= 0.5$。

（3）前臀围 BB_1：

横差 $= \frac{1}{4}\Delta H = 0.8$；

B：横差 $= \frac{3}{4}$ 前臀围横差 $= 0.6$，纵差 $= \frac{1}{3}\Delta$ 上裆 $= 0.17$；

B_1：横差 $= \frac{1}{4}$ 前臀围横差 $= 0.2$，纵差 $= 0.17$。

（4）横裆线 CC_1：

C_1：横差 $= B_1$ 横差 $+ 0.12\Delta H = 0.5$，纵差 $= 0$；

C：横差 $= 0.5$，纵差 $= 0$。

（5）下口 DD_1：

D：横差 $= 0.27\Delta$ 下口 $= 0.27$，纵差 $= \Delta L - \Delta$ 上裆 $= 1.5$；

D_1：横差 $= 0.27$，纵差 $= 1.5$。

（6）中裆 EE_1：

E：横差 $= 0.23\Delta$ 中裆 $= 0.23$（可用 0.25 替代），纵差 $= 0.7$（比 $\frac{1}{2}$ 下口纵差稍小）；

E_1：横差 $= 0.23$（可用 0.25 替代），纵差 $= 0.7$。

时装裤（以男原型裤为替代）档差分配示意、普通裤净版推档网状图和毛版推档网状图见图 2-2-13～图 2-2-15。

说明：为了便于使用推档尺进行手工推档操作，图中各个点的移动，除了表示方向，还表示移动量。如 A 点，向量符号表示的是该点先右移 0.6 cm，再上移 0.5 cm。

值得注意的是，裤子前、后片推档有很多细节，相关的操作要领参考二维码资源。

△L=2，△W=4，△H=3.2，△上档=0.5，△中档=5，△脚口=1

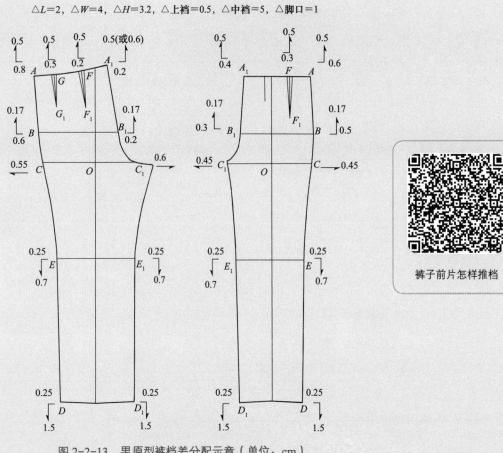

图 2-2-13　男原型裤档差分配示意（单位：cm）

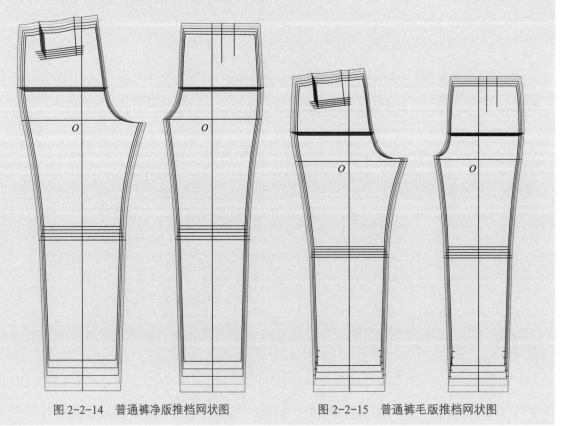

图 2-2-14　普通裤净版推档网状图　　　图 2-2-15　普通裤毛版推档网状图

任务四：裤子排料

工作任务单

任务名称	工作项目：裤子工业制版 子项目：裤子生产版制作 任务：裤子排料		
任务布置者		任务承接者	
工作任务： 将前面制作的筒形裤系列化生产版剪出纸样，并进行排料设计，绘制出排料图，任务以工作小组(5或6人/组)为单位进行。 提交材料： 以牛皮纸为制版材料，用铅笔绘制筒形裤排料图。技术要求如下： 1. 图线要清晰、流畅，每一个裁片必要的符号标注要完整、清晰； 2. 排料要体现符合工艺要求和节省面料的基本原则； 3. 每一个裁片纱向线上要标注裤子的裁片名称、规格代号； 4. 要测量出用料的米数（布匹尺寸规格可由任务布置者给定）			
任务完成时间	一个工作日（折合为6个学时，或由任务布置者给定）		

任务攻略

由于时装裤的裁片形状往往比较复杂，因此排料时往往需要根据实际情况进行排放，总的原则是纱向对的同时尽可能节省用料。目前的服装企业中普遍使用的排料方法是CAD辅助排料法，很多CAD版本都设计了自动排料模块，极大地提高了操作速度，但真正节省用料的方法依旧是手工在案板上进行排料操作。企业可以根据自己的需要进行选择。

图2-2-16是一般性无倒顺的时装裤排料图。

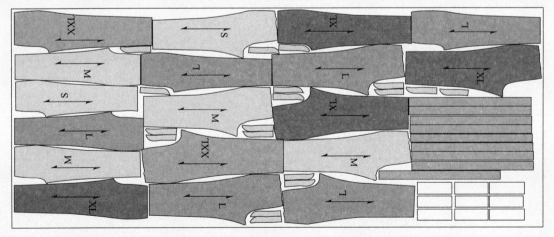

图2-2-16 时装裤排料图（面料：114 cm幅宽，无倒顺）

从图2-2-16中可以看到，一共有5个规格：小号（S）1件、中号（M）2件、大号（L）3件、特大号（XL）2件、超大号（XXL）1件。个别的零部件要穿插进缝隙当中。

有倒顺的时装裤排料图见图2-2-17。

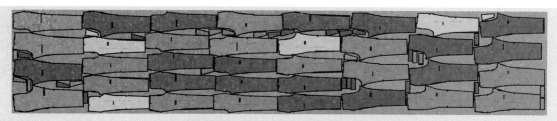

图 2-2-17 时装裤排料图（面料：144 cm 幅宽，有倒顺）

图 2-2-17仅供学习参考。从本排料图中可以看到一共有5个规格：小号（S）2件、中号（M）4件、大号（L）6件、特大号（XL）4件、超大号（XXL）2件。个别零部件要穿插进缝隙中。

子项目三　裤子 CAD 制版

知识目标　了解使用 CAD 工具进行时装裤版型设计的方法。

能力目标　掌握使用 CAD 进行制版、套版操作的能力，使用 CAD 给裤子加放缝份和标记的能力，使用 CAD 进行推档和排料的能力。

素质目标　提高审美素质，具备精益求精的意识、吃苦耐劳的精神，细节刻画态度认真。

裤子 CAD 制版任务主要是使用计算机辅助设计手段完成裤子的生产版制作，在此不提倡单纯使用 CAD 软件进行裤子的设计版制作，因为设计版的设计含量较大，设计过程繁复，利用手工进行更具有设计感。但是，提倡使用 CAD 进行套版操作。使用 CAD 进行套版操作的效率要比使用手工高得多。

裤子 CAD 制版子项目要培养的核心能力包括：使用 CAD 进行制版、套版操作的能力，使用 CAD 给裤子加放缝份和标记的能力，使用 CAD 进行推档和排料的能力。

教师可以根据实际情况调整裤子 CAD 制版子项目，制图涉及的公式可以参考手工制图。这里仅以女西裤 CAD 制版为例。

任务一：女西裤 CAD 版型绘制

工作任务单

任务名称	工作项目：裤子工业制版 子项目：裤子 CAD 制版 任务：女西裤 CAD 版型绘制		
任务布置者		任务承接者	
工作任务： 根据企业给定的款式图和参考尺寸，使用 CAD 绘制女西裤的设计版，任务以单人为单位（也可根据实际情况分组）进行。 提交材料： 以 CAD 为基本工具，绘制女西裤的版型结构图，使用绘图仪打出 1∶1 比例图纸，最后提交 CAD 文件。技术要求如下： 1. 图线要清晰、流畅，颡道等细节刻画要清楚； 2. 必要的符号标注要完整、清晰、指代明确（缝边的细节不作要求）； 3. 裤子的纱向线上要标注款号、裁片数、规格代号等必要信息； 4. 要在制作样衣后试穿，适当修改后定版，定版后提交修改后的 CAD 文件，文件名要符合规范要求			
任务完成时间	一个工作日（折合为6个学时，或由任务布置者给定）		

任务攻略

1. 款式特点

(1) 样式：腰口双裥，右侧腰口装拉链，绱腰，无门襟。女西裤款式图见图 2-2-18。

(2) 松量：腰围为 1~2 cm；臀围为 8~10 cm。

2. 版型要点

(1) 腰、臀部位的数学模型与男西裤相似，其结构是在男西裤的基础上变化而来的。

(2) 脚口与中裆要比男西裤略小。

3. 参考规格（表 2-2-5）

表 2-2-5　参考规格　　　　　　　单位：cm

身高（h）	裤长（L）	腰围（W）	臀围（H）	腰头宽
160	100	68	96	3

4. 版型制图（图 2-2-19）

5. 任务要求

(1) 须针对首版进行样衣制作，观察成型效果，通过进一步修改和多次调整，最终定版。

(2) 要有企业人员和教师共同提出修改意见。

裤子侧缝线曲度要本着流畅的原则来设计，通常需要使用计算机进行手动调整，这种调整需要有审美能力的支撑。可以参考裤子侧缝线曲度调整的二维码资源。

图 2-2-18　女西裤款式图

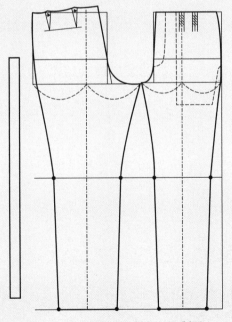

图 2-2-19　女西裤版型 CAD 制图

裤子侧缝线曲度调整

任务二：女西裤生产版 CAD 制图

工作任务单

任务名称	工作项目：裤子工业制版 子项目：裤子 CAD 制版 任务：女西裤生产版 CAD 制图		
任务布置者		任务承接者	
工作任务： 使用 CAD 将前面的女西裤设计版转化为生产样版，任务以工作小组（5 或 6 人 / 组）为单位进行。 提交材料： 以 CAD 为制版工具，完成女西裤生产版制图（含净版与毛版），最终提交 CAD 文件。技术要求如下： 1. 图线要清晰、流畅，净份线和毛份线要清晰明了； 2. 颡道等细节刻画要清楚，缝边宽度控制要均匀，转角处理要合理； 3. 必要的符号标注要完整、清晰、指代明确，要有清晰的剪口标记； 4. 纱向线上要标注裤子的名称、版号、裁片数、规格代号； 5. 要保证必要的尺寸规格（尺寸规格可由任务布置者给定）			
任务完成时间	一个工作日（折合为 6 个学时，或由任务布置者给定）		

任务攻略

女西裤的净版制作需要注意颡道根部的上翘细节，而毛版制作要注意缝份大小控制要均匀，而且在必要的位置要留有剪口标记。图 2-2-20 为使用 CAD 做的女西裤工业样版图。

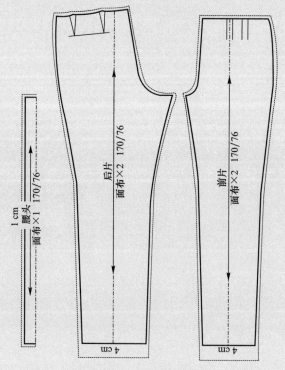

图 2-2-20　使用 CAD 做的女西裤工业样版图

任务三：女西裤 CAD 推档

工作任务单

任务名称	工作项目：裤子工业制版 子项目：裤子 CAD 制版 任务：女西裤 CAD 推档		
任务布置者		任务承接者	
工作任务： 使用 CAD 将前面的女西裤单规格生产版转化为系列化生产版，任务以工作小组（5 或 6 人 / 组）为单位进行。 提交材料： 以 CAD 为基本工具，绘制推档网状总图，并按 1∶1 比例打印输出，提交 CAD 文件。技术要求如下： 1. 每一档纸样的边缘线条要清晰、流畅； 2. 颡道等细节刻画要清楚，剪口标记要清晰； 3. 必要的符号标注要完整、清晰、指代明确； 4. 每个规格上要标注裤子的纱向线、剪口、名称、版号、裁片数、规格代号等必要信息； 5. 要保证必要的推档尺寸规格（尺寸规格可由任务布置者给定）			
任务完成时间	一个工作日（折合为 6 个学时，或由任务布置者给定）		

任务攻略

1. 参考规格（表 2-2-6）

表 2-2-6　参考规格　　单位：cm

成品规格/cm 部位	号型	150	155	160	165	170	规格档差 /cm
		58	62	66	70	74	
裤长		57	59.5	62	64.5	67	2.5
腰围		60	64	68	72	76	4
臀围		88	92	96	100	104	4

2. 推档总图（图 2-2-21）

3. 任务要求

（1）须针对定版的女西裤样版进行推档。

（2）要由企业人员和教师共同提出修改意见。

（3）推档操作可参考女西裤的手工推档过程。

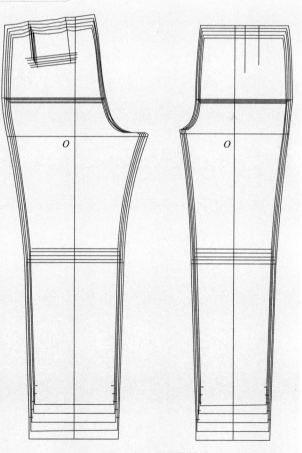

图 2-2-21　女西裤的推档总图

任务四：女西裤 CAD 排料

工作任务单

任务名称	工作项目：裤子工业制版 子项目：裤子 CAD 制版 任务：女西裤 CAD 排料		
任务布置者		任务承接者	
工作任务： 使用 CAD 将前面绘制的女西裤系列化生产版纸样进行排料设计，绘制出排料图，任务以单人为单位（也可根据实际情况分组）进行。 提交材料： 最后的作业结果以 CAD 文件的形式提交。技术要求如下： 1. 文件名要符合规范，制图线条要清晰、流畅，每一个裁片必要的符号标注要完整、清晰； 2. 排料要体现出符合工艺要求和节省面料的基本原则； 3. 每一个裁片纱向线上要标注裤子的裁片名称、规格代号； 4. 要测量出用料的米数（布匹幅宽规格可由任务布置者给定）			
任务完成时间	一个工作日（折合为 6 个学时，或由任务布置者给定）		

任务攻略

使用 CAD 进行裤子排料具有速度快的优势。CAD 排料也有不如手工操作的方面，那就是面料的利用率比手工排料略低，但是速度的优势完全可以弥补这方面的不足。教师可以根据需要，给学生布置 CAD 排料任务，图 2-2-22 就是使用 CAD 进行的女西裤排料图（仅供参考）。

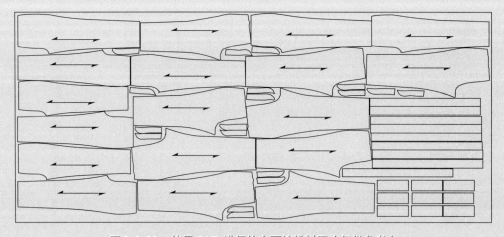

图 2-2-22　使用 CAD 进行的女西裤排料图（仅供参考）

子项目四 裤子定制制版

知识目标　了解时装裤版型设计如何操作、时装裤常见的版型结构变化。

能力目标　掌握时装裤数据量体采集能力、体型观察能力、版型调整能力。

素质目标　提升沟通能力、审美素质，具备精益求精的意识、坚持不懈的精神，对裤子猫须问题有清楚的认识。

教师可以根据实际情况制定裤子定制制版的子项目。本书以喇叭裤定制制版为例。

任务：喇叭裤定制制版

工作任务单

任务名称	工作项目：裤子工业制版 子项目：裤子定制制版 任务：喇叭裤定制制版		
任务布置者		任务承接者	
工作任务： 根据企业给定的款式图和目标人体（顾客），进行喇叭裤的定制制版，任务以工作小组（5或6人/组）为单位进行。 提交材料： 以牛皮纸等为制版材料，用HB制图铅笔绘制版型结构图。技术要求如下： 1. 图线要清晰、流畅，颡道等细节刻画要清楚； 2. 必要的符号标注要完整、清晰、指代明确； 3. 裤子的纱向线上要标注款号、裁片数、规格代号等必要信息； 4. 要在制作白坯样衣后试穿，适当修改后定版，并确定最终的尺寸规格数据			
任务完成时间	一个工作日（折合为6个学时，或由任务布置者给定）		

任务攻略

根据具体的体型特征，绘制出对应体态的喇叭裤版型。

喇叭裤是指中裆以下呈现敞开状的时装裤，一般也可以根据原型裤变化得来，要点是将原型裤的中裆线位置提高，同时将裤口按比例放大，而且比中裆要大一些。一般情况下，要事先给定脚口围度和中裆围度。

其中最有代表性的是低腰喇叭裤，低腰部位的处理可以先按照正常的腰高来进行，再将腰口下落到适当的高度，前提是要保证尺寸规格数据符合规范。这款喇叭裤可以作为各种喇叭裤变化的依据，可以称这个裤型为喇叭裤基型。

1. 款式特点

（1）样式：低腰、臀部适体，脚口较大呈喇叭状，设计有开衩。前裤片左、右无颡道，门里襟装拉链；后裤片左、右各有一个颡道，装弧形腰。图2-2-23为喇叭裤的款式图。

（2）松量：臀围为4~8 cm；腰围为1~2 cm。

2. 版型要点

（1）低腰喇叭裤，臀围处较为合体。

（2）中裆适当抬高，拉长裤管，脚口较大。

（3）中裆尺寸的设定要量腿围一周，再加放 3～4 cm 的松量。

（4）后片裤口低落 2 cm。

（5）成品腰围与人体净腰围不在同一水平线上，版型框架按人体净腰围线来制图。

（6）设计时要充分接纳顾客的意见和要求。

3. 参考规格（表 2-2-7）

表 2-2-7 参考规格 单位：cm

身高(h)	裤长(L)	腰围(W0)	腰围(W)	臀围(H)	中档	脚口
170	102.5	65	71	88	44	53

4. 版型制图（图 2-2-24）

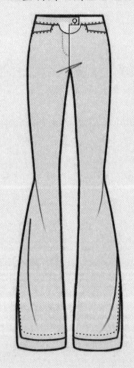

图 2-2-23 喇叭裤的款式图

裤子分割线怎样设计

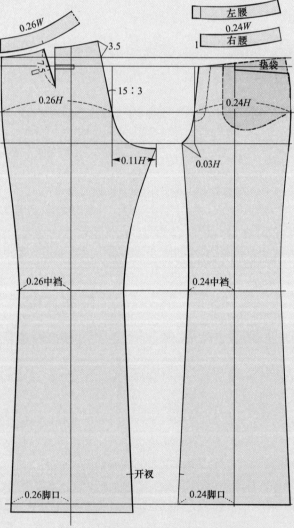

$L=102.5, H=88, W=71$ 中档=44, 脚口=53

图 2-2-24 喇叭裤版型制图（单位：cm）

在喇叭裤基型的基础上，还可以进一步作分割、切展等一系列变化，演化出更多的变款时装裤。当然，这都是在与顾客充分交流和协商的基础上进行的。图2-2-25、图2-2-26为前片分割型时装裤版型设计和前、后片分割型时装裤版型设计。

裤子分割线设计属于难度较大的设计内容，需要从审美和实用两个角度来进行。这里涉及一个重要的原理，那就是曲线设计要"不虚此行"，除了从美的角度进行之外，还要给分割线赋予一定的功能性，主要为分担曲度的功能。

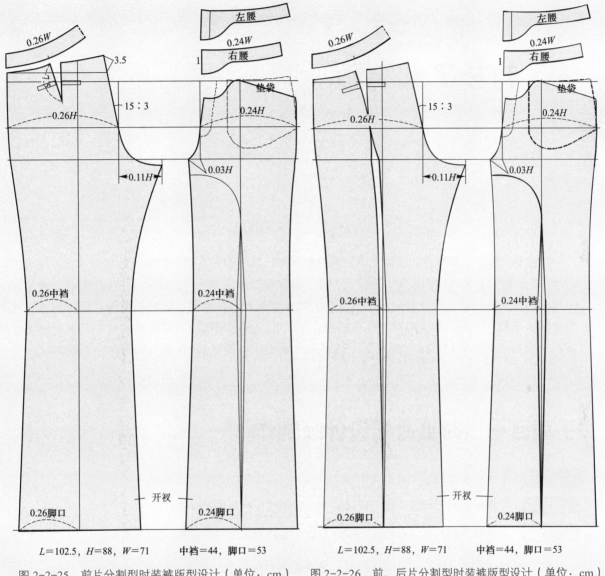

图 2-2-25　前片分割型时装裤版型设计（单位：cm）　　图 2-2-26　前、后片分割型时装裤版型设计（单位：cm）

重要提示：裤子工业制版知识链接内容见本书第三部分"项目二　裤子工业制版"二维码资源。

项目三 衬衫工业制版

衬衫是人体上半身穿用的版型最简洁的服装类型，属于四开身结构，既可以作为内衣，也可以作为外衣。衬衫一般可以按多种方法进行分类。按穿着对象来划分，有男衬衫、女衬衫。无论男、女衬衫，从整体造型上无非紧身型、适身型和松身型三种。随着流行趋势的发展，现在衬衫的款式变化越来越多，尤其是女衬衫，样式的变化更是让人眼花缭乱、目不暇接。衬衫工业制版项目在本书中划分为时装衬衫设计版制作、衬衫生产版制作、衬衫 CAD 制版和衬衫定制制版 4 个子项目。

子项目一 时装衬衫设计版制作

知识目标 了解时装衬衫版型设计如何操作、时装衬衫常见的版型结构变化。
能力目标 掌握时装衬衫颡道设置与转移能力、分割线设计与调整能力。
素质目标 提升审美素质，具备精益求精的意识、坚持不懈的精神、团队协作理念。

时装衬衫的版型，分男衬衫和女衬衫。无论是男衬衫还是女衬衫，变化的部位如今越来越多。女衬衫的变化部位主要集中在领部、衣身和袖子上。领部的变化除了立领和翻折领的形式外，还有无领、平领和驳领，在女衬衫中驳领版型较为常见和普遍。

任务一：开门领女衬衫版型设计（推荐）

工作任务单

任务名称	工作项目：衬衫工业制版 子项目：时装衬衫设计版制作 任务：开门领女衬衫版型设计		
任务布置者		任务承接者	
工作任务： 根据企业给定的款式图和参考尺寸，绘制开门领女衬衫的设计版，任务以工作小组（5 或 6 人/组）为单位进行。 提交材料： 以牛皮纸为制版材料，用 HB 制图铅笔绘制版型结构图。技术要求如下： 1. 图线要清晰、流畅； 2. 颡道等细节刻画要清楚； 3. 必要的符号标注要完整、清晰、指代明确； 4. 衬衫的纱向线上要标注款号、裁片数、规格代号等必要信息； 5. 要在制作样衣后试穿，适当修改后定版			
任务完成时间	一个工作日（折合为 6 个学时，或由任务布置者给定）		

任务攻略

1. 款式特点

（1）样式：此款女衬衫为开、关两用衫，前身收胁下颡和腰间颡，后背有肩颡、腰间颡，前门钉有 5 粒扣，袖子为马蹄形，钉 1 粒纽扣，有袖肘颡。开门领女衬衫款式图见图 2-3-1。

（2）胸围松量：12～16 cm。

2. 版型要点

（1）有后背颡和胁下颡，袖子有袖肘颡。

（2）侧缝腰节处略有收进。

3. 参考规格（表 2-3-1）

表 2-3-1　参考规格　　　　单位：cm

身高(h)	衣长(L)	胸围(B)	肩宽(S)	袖长(S_1)
160	64	100	40	57

4. 版型制图（图 2-3-2）

值得指出的是，女衬衫的领子变化有很多种类型，教师在布置版型设计任务时，可以根据实际需要改换领型，关于领型设计的操作形式，可以参考相关的二维码资源。

图 2-3-1　开门领女衬衫款式图

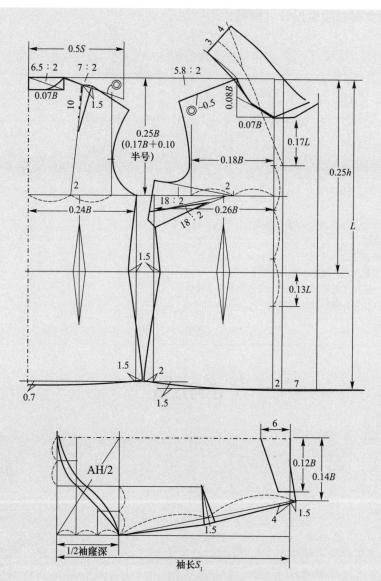

图 2-3-2 开门领女衬衫版型制图（单位：cm）

衬衫领子怎样设计

任务二：曲摆男衬衫版型设计

工作任务单

任务名称	工作项目：衬衫工业制版 子项目：时装衬衫设计版制作 任务：曲摆男衬衫版型设计		
任务布置者		任务承接者	
工作任务： 根据企业给定的款式图和参考尺寸，绘制曲摆男衬衫的设计版，任务以工作小组（5或6人/组）为单位进行。 提交材料： 以牛皮纸为制版材料，用HB制图铅笔绘制版型结构图。技术要求如下： 1. 图线要清晰、流畅； 2. 折裥和分割线等细节刻画要清楚； 3. 必要的符号标注要完整、清晰、指代明确； 4. 衬衫裁片的纱向线上要标注款号、裁片数、规格代号等必要信息； 5. 要在制作简单样衣后试穿，适当修改后定版			
任务完成时间	一个工作日（折合为6个学时，或由任务布置者给定）		

任务攻略

1. 款式特点

（1）样式：方领有领座，有过肩，曲线下摆，侧缝腰节略有收进，左衣片有胸袋一个；后衣片有两个褶裥；普通长袖装袖头，袖口有开衩、门襟、6粒扣。曲摆男衬衫款式图见图2-3-3。

（2）胸围松量：10~16 cm。

2. 版型要点

这款衬衫完全是在基础衬衫数学模型的基础上稍加改动而获得的。

（1）过肩稍宽，且过肩直接在制图的数学模型中处理。

（2）侧缝处腰节适当收进。

（3）曲线下摆。

3. 参考规格（表2-3-2）

表2-3-2 参考规格 单位：cm

身高（h）	衣长（L）	胸围（B）	肩宽（S）	领围（N）	袖长（S_1）
170	76	110	42	39	57

图2-3-3 曲摆男衬衫款式图

4. 版型制图（图2-3-4）

男衬衫款式变化虽然没有女衬衫那样多，但男衬衫更注重细节的设计。为了保证设计的高品质，男衬衫的版型结构必须有样衣调整的环节。通过试穿样衣，教师提出必要的修改意见，学生继续作进一步的微调是十分必要的。这方面的内容可以参考相关的二维码资源。

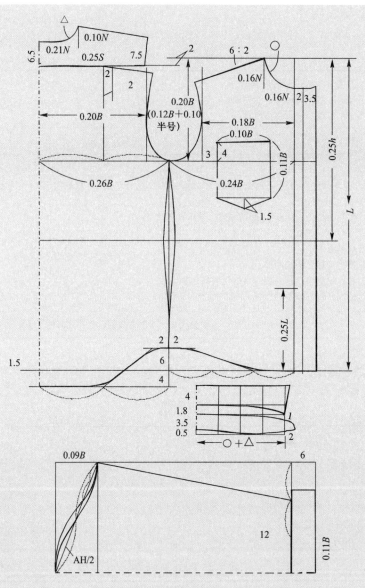

图 2-3-4　曲摆男衬衫版型制图（前、后片，单位：cm）

男衬衫样衣修改意见的提出

任务三：小方领女衬衫版型设计

工作任务单

任务名称	工作项目：衬衫工业制版 子项目：时装衬衫设计版制作 任务：小方领女衬衫版型设计		
任务布置者		任务承接者	
工作任务： 根据企业给定的款式图和参考尺寸，绘制小方领女衬衫的设计版，任务以工作小组（5 或 6 人 / 组）为单位进行。 提交材料： 以牛皮纸为制版材料，用 HB 制图铅笔绘制版型结构图。技术要求如下： 1. 图线要清晰、流畅； 2. 颗道、折裥和分割线等细节刻画要清楚； 3. 必要的符号标注要完整、清晰、指代明确； 4. 衬衫裁片的纱向线上要标注款号、裁片数、规格代号等必要信息； 5. 要在制作简单样衣后试穿，适当修改后定版			
任务完成时间	一个工作日（折合为 6 个学时，或由任务布置者给定）		

任务攻略

1. 款式特点

小方领，门襟无搭门，收腰节（图 2-3-5）。

2. 参考规格（表 2-3-3）

表 2-3-3　参考规格　　　　单位：cm

身高（h）	衣长（L）	胸围（B）	肩宽（S）	袖长（S_1）	领围（N）
165	57	100	40	57	40

3. 设计要求

（1）按照款式图绘制 1∶1 纸样并做出缝边（毛粉）。款式不详的部分（如背面）自行设计。

（2）面料裁片（前片、后片、领子、袖子）俱全。

（3）没有给定的部位尺寸自定。

（4）图面清晰，版型线与辅助线、基础线有明显区分。

（5）预备两张 0 号牛皮纸，除了前、后片在第一张纸上画之外，其余各个零部件在第二张纸上画。

教师可针对此任务对学生的设计进行考核，评分标准可由教师参考企业标准自行设计。

图 2-3-5　小方领女衬衫款式图

任务四：平领女衬衫版型设计

工作任务单

任务名称	工作项目：衬衫工业制版 子项目：时装衬衫设计版制作 任务：平领女衬衫版型设计		
任务布置者		任务承接者	
工作任务： 根据企业给定的款式图和参考尺寸，绘制平领女衬衫的设计版，任务以工作小组（5或6人/组）为单位进行。 提交材料： 以牛皮纸为制版材料，用HB制图铅笔绘制版型结构图。技术要求如下： 1. 图线要清晰、流畅； 2. 颡道、折裥和分割线等细节刻画要清楚； 3. 必要的符号标注要完整、清晰、指代明确； 4. 衬衫裁片的纱向线上要标注款号、裁片数、规格代号等必要信息； 5. 要在制作简单样衣后试穿，适当修改后定版			
任务完成时间	一个工作日（折合为6个学时，或由任务布置者给定）		

任务攻略

1. 款式特点

平领结构，前门直襟4粒扣，前片并列两道腰颡。胸颡量转移到腰颡处。袖口有开衩，2粒装饰扣。图2-3-6为平领女衬衫款式图。

2. 参考规格（表2-3-4）

表2-3-4　参考规格　　　　　　单位：cm

身高（h）	衣长（L）	胸围（B）	肩宽（S）	领大（N）
160	60	102	40	40

3. 设计要求

（1）按照款式图绘制1:1纸样（带毛份）。款式不详的部位（如背面）自行设计。

（2）面料裁片（前身、后身、大袖片、小袖片、领片）俱全。

（3）没有给定的部位尺寸自定。

（4）图面清晰，版型线与辅助线、基础线有明显区分。

（5）剪口、纱向等必要的标记要齐全。

（6）操作结果无须用剪刀剪下，绘图纸张要保存完好。

教师可针对此任务对学生的设计进行考核，评分标准可由教师参考企业标准自行设计。

图2-3-6　平领女衬衫款式图

子项目二　衬衫生产版制作

知识目标　了解衬衫净版和毛版如何制作，衬衫推档方法、衬衫排料方法。

能力目标　掌握衬衫缝份加放能力、规格设计能力、推档能力。

素质目标　提高审美素质，具备精益求精的意识、坚持不懈的精神，细节刻画态度认真。

任务一：单规格男衬衫净版制作

工作任务单

任务名称	工作项目：衬衫工业制版 子项目：衬衫生产版制作 任务：单规格男衬衫净版制作		
任务布置者		任务承接者	
工作任务： 将前面的男衬衫设计版转化为生产净样版，任务以工作小组（5或6人/组）为单位进行。 提交材料： 以牛皮纸为制版材料进行男衬衫净版制图。技术要求如下： 1. 图线要清晰、流畅； 2. 折裥、领子等细节刻画要清楚； 3. 必要的符号标注要完整、清晰、指代明确； 4. 纱向线上要标注衬衫的名称、版号、裁片数、规格代号； 5. 要保证必要的尺寸规格（尺寸规格可由任务布置者给定）			
任务完成时间	一个工作日（折合为6个学时，或由任务布置者给定）		

任务攻略

当首版经过样衣试制，试穿并反复修改以后，一旦确认可以定版，接下来设计版就要进入生产版制作阶段了。衬衫生产版主要包括净版和毛版两部分。生产版制作在企业中往往需要由专人来完成，在社会上有很多版房都在为企业提供制作生产版的专项服务。由于这部分内容不是本书的重点，因此只简要讲解。

衬衫净样版一般作为工艺操作过程中的斧正样版，属于工艺辅助样版的范畴。该类样版要求尺寸精确，所用材料要坚韧，容易保存。净样版一般都可以反映出时装衬衫的基本版型。图2-3-7所示为男衬衫净版图。

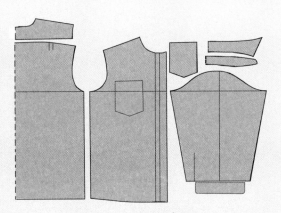

图2-3-7　男衬衫净版图

任务二：单规格男衬衫毛版制作

工作任务单

任务名称	工作项目：衬衫工业制版 子项目：衬衫生产版制作 任务：单规格男衬衫毛版制作		
任务布置者		任务承接者	
工作任务： 将前面的男衬衫设计版转化为生产毛样版，任务以工作小组（5或6人/组）为单位进行。 提交材料： 以牛皮纸为制版材料进行男衬衫毛版制图。技术要求如下： 1. 图线要清晰、流畅； 2. 折裥、领子等细节刻画要清楚； 3. 必要的符号标注要完整、清晰、指代明确； 4. 纱向线上要标注衬衫的名称、版号、裁片数、规格代号； 5. 要保证必要的尺寸规格（尺寸规格可由任务布置者给定）			
任务完成时间	一个工作日（折合为6个学时，或由任务布置者给定）		

任务攻略

时装衬衫的毛版是在净版的基础上加放缝边以及折边的量得到的，属于裁剪样版这一大类。一般没有特殊说明的部位，缝边均按1 cm来设置。毛版需要做好纱向标记，纱向标记一般要画得很长，以便于排料操作。此外，还要打好关键部位的剪口。由于这部分内容属于生产环节，因此本书讲解从略。图2-3-8所示为男衬衫毛版图。

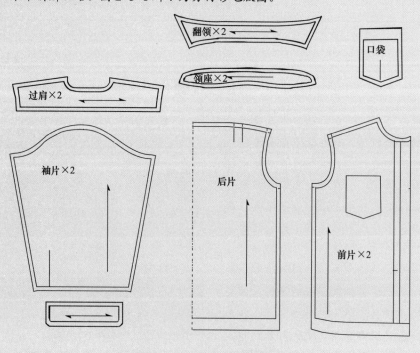

图2-3-8　男衬衫毛版图

任务三：男衬衫推档

工作任务单

任务名称	工作项目：衬衫工业制版 子项目：衬衫生产版制作 任务：男衬衫推档		
任务布置者		任务承接者	
工作任务： 将前面的男衬衫单规格生产版转化为系列化生产版，任务以工作小组（5或6人/组）为单位进行。 提交材料： 以牛皮纸为制版材料，用 0.5mm 自动铅笔绘制男衬衫推档网状总图。技术要求如下： 1. 单档图线和系列图线要清晰、流畅； 2. 颠道等细节刻画要清楚，剪口标记要清晰； 3. 必要的符号标注要完整、清晰、指代明确； 4. 每个规格上要标注衬衫的纱向线、剪口、名称、版号、裁片数、规格代号等必要信息； 5. 要保证必要的推档尺寸规格（尺寸规格可由任务布置者给定）			
任务完成时间	一个工作日（折合为6个学时，或由任务布置者给定）		

任务攻略

男衬衫的推档指的是把可以投产的样版进行大小规格不等的变化，制作系列化样版。男衬衫的推档要兼顾两大原则：便捷性和保型性。我国在时装衬衫的系列化规格方面早已出台了指导性的标准，那就是号型系列标准。本书仅以原型衬衫为例，简单介绍男衬衫推档的基本方法。

（一）规格系列设置

男衬衫规格系列设置见表 2-3-5。

表 2-3-5　男衬衫规格系列设置

成品规格/cm 部位	号型	160 82	165 86	170 90	175 94	180 98	规格档差/cm
衣长		68	70	72	74	76	2
胸围		102	106	110	114	118	4
肩宽		43.6	44.8	46	47.2	48.4	1.2
袖长		55	56.5	58	59.5	61	1.5
领大		38	39	40	41	42	1
袖口		22	23	24	25	26	1

注：1. 本规格系列为 5.4 系列；
　　2. 按照本规格系列推档，是以 170/90 号型规格作为中间号型绘制标准母版。

（二）基准线的确定（仅供参考）

1. 确定坐标轴

（1）男衬衫前片选用胸围线为横坐标轴（X轴），前中心线为纵坐标轴（Y轴）。
（2）男衬衫后片选用胸围线为横坐标轴（X轴），后中心线为纵坐标轴（Y轴）。
（3）男衬衫袖子选用袖山深线为横坐标轴（X轴），袖中线为纵坐标轴（Y轴）。

（4）男衬衫过肩选用过肩分割线为横坐标轴（X轴），后中心线为纵坐标轴（Y轴）。

2. 确定坐标原点

（1）男衬衫前片选用胸围线与前中心线的交点为坐标原点。

（2）男衬衫后片选用胸围线与后中心线的交点为坐标原点。

（3）男衬衫袖子选用袖山深线与袖中线的交点为坐标原点。

（4）男衬衫过肩选用过肩分割线与后中心线的交点为坐标原点。

3. 确定档差（单位：cm）

△衣长（L）=2，△胸围（B）=4，△肩宽（S）=1.2，△袖长（S_1）=1.5，△领大（N）=1，△袖口=1。

（三）档差计算与推档（仅供参考）

1. 前片档差计算（单位：cm）

（1）袖窿深档差：0.15△B+0.1△半号=0.15×4+0.1×2.5=0.85（企业中通常取0.6~0.8）。

（2）前领口点 A、B、B_1：

肩颈点 A：横差=0.2△N=0.2，纵差=△袖窿深=0.8；

B：横差=0，纵差=△袖窿深-△前领深=0.8-0.2△N=0.8-0.2=0.6；

B_1：档差同点 B。

（3）肩端点 C：

按照肩线平行的原则和前、后小肩长延伸量相等的原则确定肩端点。

（4）前胸宽点 D：

横差$\frac{1}{2}$=△S=0.6（按照肩宽档差确定）纵差=$\frac{1}{3}$△袖窿深=0.25（根据约占袖窿深档差的$\frac{1}{3}$确定）。

（5）胸围大点 E：

横差=$\frac{1}{4}$△B=1，纵差=0。

（6）下摆点 F、F_1、F_2：

F：横差=$\frac{1}{4}$△B=1，纵差=△L-△袖窿深=2-0.8=1.2，

F_1、F_2：横差=0，纵差=1.2。

（7）兜口定位点 G：

G：档差同点 D 档差。

2. 过肩档差计算（单位：cm）

（1）肩颈点 A：横差=0.2△N=0.2，纵差=0。

（2）后领深点 B：横差=0，纵差=0。

（3）肩端点 C：横差=$\frac{1}{2}$△S=0.6，根据各档肩线平行的原则确定肩端点。

（4）过肩 D：横差=0.6（同点 C 横差），纵差=0。

3. 后片档差计算（单位：cm）

（1）过肩 EE_1：

E：横差=0，纵差=△袖窿深=0.8；E_1：横差=0.6，纵差=0.8。

（2）过肩褶 FF_1：横差=0.4，纵差=0.8。

（3）后背宽点 G：横差=0.6，纵差=0.4（约占点 E_1 纵差的$\frac{1}{2}$）。

（4）后胸围大点H：横差$=\frac{1}{4}\Delta B=1$，纵差$=0$。

（5）下摆点I、I_1：

I：横差$=\frac{1}{4}\Delta B=1$，纵差$=\Delta L-\Delta$袖窿深$=2-0.8=1.2$；

I_1：横差$=0$，纵差$=1.2$。

4．袖子档差计算（单位：cm）

（1）袖山顶点A：横差$=0$，纵差$=\frac{2}{3}\Delta$袖窿深$=0.5$。

（2）袖肥BB_1：

B：横差$=$袖肥档差$=0.2\Delta B=0.8$，纵差$=0$；

B_1：横差$=0.8$（同B点横差），纵差$=0$。

（3）袖口CC_1：

C：横差$=\Delta\frac{1}{2}$袖口$=0.5$，纵差$=\Delta S_1-\Delta$袖山深$=1.5-0.5=1$；

C_1：横差$=0.5$，纵差$=1$。

（4）袖衩D、D_1：

D、D_1：横差$=0.25$，纵差$=1$。

5．领子推档方法（单位：cm）

领宽不推放，集中在后领中心线处推放$\Delta\frac{1}{2}N=0.5$。

6．袖口推档方法（单位：cm）

袖口头宽不推放，集中在袖口的一侧推放，Δ袖口$=1$。

前、后衣身，领子档差分配示意见图2-3-9；袖子档差分配示意见图2-3-10；前、后衣身，袖子，领子净版推放网状图见图2-3-11；前、后衣身毛版推放网状图见图2-3-12；袖子毛版推放网状图，见图2-3-13。

值得注意的是，上面的传统男衬衫衣身推档要相对简单一些，因为少有腰身曲线和底摆曲线的变化。如果遇到曲摆衬衫，情形就变得复杂很多，有关复杂腰身和底摆情形的男衬衫推档，请参考相关的二维码资源。

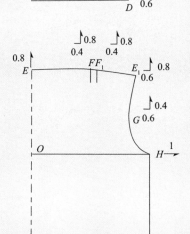
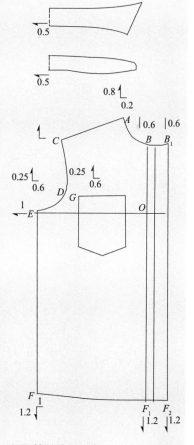

图2-3-9　前、后衣身，领子档差分配示意

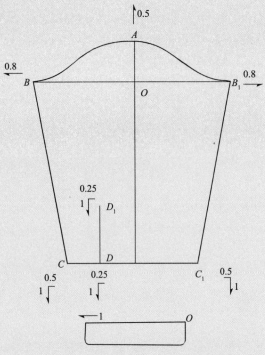

图 2-3-10 袖子档差分配示意（单位：cm）

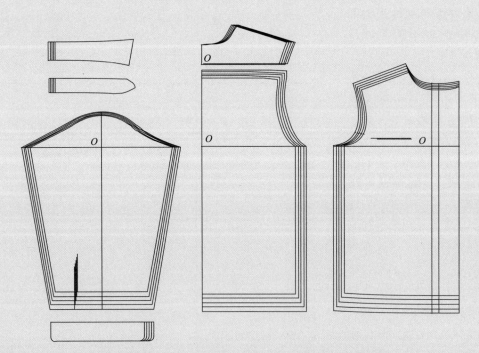

图 2-3-11 前、后衣身，袖子，领子净版推放网状图

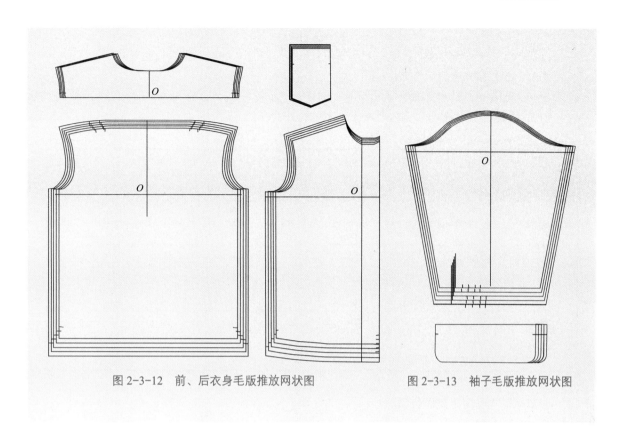

图 2-3-12　前、后衣身毛版推放网状图　　　　图 2-3-13　袖子毛版推放网状图

任务四：女衬衫推档

工作任务单

任务名称	工作项目：衬衫工业制版 子项目：衬衫生产版制作 任务：女衬衫推档		
任务布置者		任务承接者	
工作任务： 将前面女衬衫单规格生产版转化为系列化生产版，任务以工作小组（5或6人/组）为单位进行。 提交材料： 以牛皮纸为制版材料，用0.5mm自动铅笔绘制推档网状总图。技术要求如下： 1. 单档图线和系列图线要清晰、流畅； 2. 颡道等细节刻画要清楚，剪口标记要清晰； 3. 必要的符号标注要完整、清晰、指代明确； 4. 每个规格上要标注衬衫的纱向线、剪口、名称、版号、裁片数、规格代号等必要信息； 5. 要保证必要的推档尺寸规格（尺寸规格可由任务布置者给定）			
任务完成时间	一个工作日（折合为6个学时，或由任务布置者给定）		

任务攻略

（一）规格系列设置

女衬衫规格系列设置见表2-3-6。

表2-3-6 女衬衫规格系列设置

成品规格/cm 部位	号型	150	155	160	165	170	规格档差/cm
		76	80	84	88	92	
衣长		62	64	66	68	70	2
胸围		92	96	100	104	108	4
肩宽		37.6	38.8	40	41.2	42.4	1.2
袖长		52	53.5	55	56.5	58	1.5
领大		36	37	38	39	40	1
袖口		20	21	22	23	24	1

注：1. 本规格系列为5.4系列；
2. 按照本规格系列推档，是以160/84号型规格作为中间号型绘制标准母版

（二）基本设定（仅供参考）

1. 确定坐标轴

（1）女衬衫前片选用胸围线为横坐标轴（X轴），前中心线为纵坐标轴（Y轴）。

（2）女衬衫后片选用胸围线为横坐标轴（X轴），后中心线为纵坐标轴（Y轴）。

（3）女衬衫袖子选用袖山深线为横坐标轴（X轴），袖中线为纵坐标轴（Y轴）。

2. 确定坐标原点

（1）女衬衫前片选用胸围线与前中心线的交点为坐标原点。

（2）女衬衫后片选用胸围线与后中心线的交点为坐标原点。

（3）女衬衫袖子选用袖山深线与袖中线的交点为坐标原点。

3. 确定档差（单位：cm）

Δ衣长（L）=2，Δ胸围（B）=4，Δ肩宽（S）=1.2，Δ袖长（S_1）=1.5，Δ领大（N）=1，Δ袖口=1，Δ袖窿深=0.8。

（三）档差计算与推档（仅供参考）

1. 前片档差计算（单位：cm）

（1）袖窿深档差=0.8（注：该数据为经验数据，可以适度调整）。

（2）前领口点A、B、B_1：

肩颈点A：横差=$0.2\Delta N$=0.2，纵差=Δ袖窿深=0.8；

B：横差=0，纵差=Δ袖窿深-Δ前领深=$0.8-0.2\Delta N=0.8-0.2=0.6$。

B_1：档差同点B。

（3）肩端点C：

按照肩线平行的原则和前、后小肩长延伸量相等的原则确定肩端点C。

（4）前胸宽点D：

横差=$\frac{1}{2}\Delta S=0.6$，纵差=$\Delta\frac{1}{3}$袖窿深=0.3。

（5）胸围大点E：

横差 $=\frac{1}{4}\Delta B=1$，纵差 $=0$。

(6) 腰围线 F、F_1：

F：横差 $=1$，纵差 $=\Delta\frac{1}{4}$号 $-\Delta$袖窿深 $=0.45$；

F_1：横差 $=0$，纵差 $=0.45$。

(7) 下摆点 G、G_1、G_2：

G：横差 $=\frac{1}{4}\Delta B=1$，纵差 $=\Delta L-\Delta$袖窿深 $=2-0.8=1.2$；

G_1、G_2：横差 $=0$，纵差 $=1.2$。

(8) 腰颡：

颡根 H：横差 $=1/2$ 前胸宽档差 $=0.3$，纵差 $=0.45$；

颡尖 K：横差 $=0.3$，纵差 $=0$；颡尖 K_1：横差 $=0.3$，纵差 $=0.45$（同腰围线纵差）。

(9) 肋颡：

颡根 I：横向档差参照胸围大的档差，纵向档差可以通过画线得到。

颡尖 K_2：横差 $=0.3$，纵差 $=0$。

2. 后片档差计算（单位：cm）

(1) 袖窿深档差 $=0.8$。

(2) 肩颈点 A：横差 $=0.2\Delta N=0.2$，纵差 $=\Delta$袖窿深 $=0.8$。

(3) 肩端点 C：横差 $=\frac{1}{2}\Delta S=0.6$，根据各档肩线平行的原则确定肩端点 C。

(4) 领深点 B：横差 $=0$，纵差 $=0.8$。

(5) 后背宽点 D：

横差 $=\frac{1}{2}\Delta S=0.6$，纵差 $=0.3$（约为肩端点纵差的 $1/2$）。

(6) 胸围大点 E：

横差 $=\frac{1}{4}\Delta B=1$，纵差 $=0$。

(7) 腰围线 F、F_1：

F：横差 $=1$，纵差 $=\Delta\frac{1}{4}$号 $-\Delta$袖窿深 $=0.45$；

F_1：横差 $=0$，纵差 $=0.45$。

(8) 下摆点 G、G_1：

G：横差 $=\frac{1}{4}\Delta B=1$，纵差 $=\Delta L-\Delta$袖窿深 $=2-0.8=1.2$。

G_1：横差 $=0$，纵差 $=1.2$。

(9) 腰颡：

颡根 H：横差 $=1/2$ 胸围大档差 $=0.5$，纵差 $=0.45$；

颡尖 K：横差 $=0.5$，纵差 $=0$；颡尖 K_1：横差 $=0.5$，纵差 $=0.45$。

(10) 肩颡：

颡根 H_1：横差 $=0.3$，纵差 $=0.75$；

颡尖 K_2：横差 $=0.3$，纵差 $=0.7$。

3. 袖子档差计算（单位：cm）

参照男衬衫袖子推档。

关于如何减小误差，可以参考后面时装部分的内容。

前、后衣身档差分配示意见图 2-3-14；衣身、领子、袖子净版推放网状图见图 2-3-15；衣身毛版推放网状图见图 2-3-16；袖子毛版推放网状图见图 2-3-17。

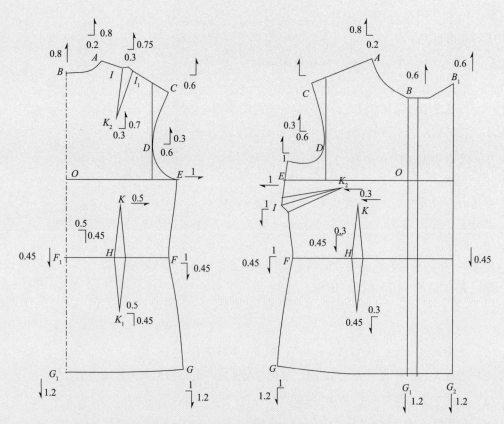

图 2-3-14　前、后衣身档差分配示意（单位：cm）

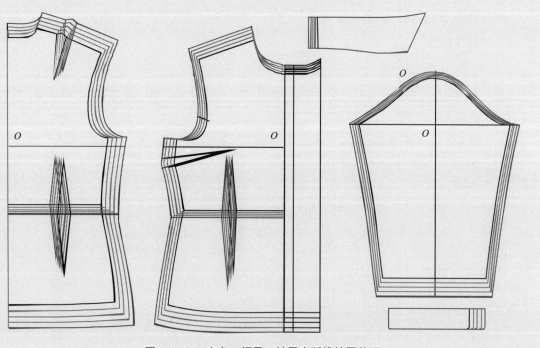

图 2-3-15　衣身、领子、袖子净版推放网状图

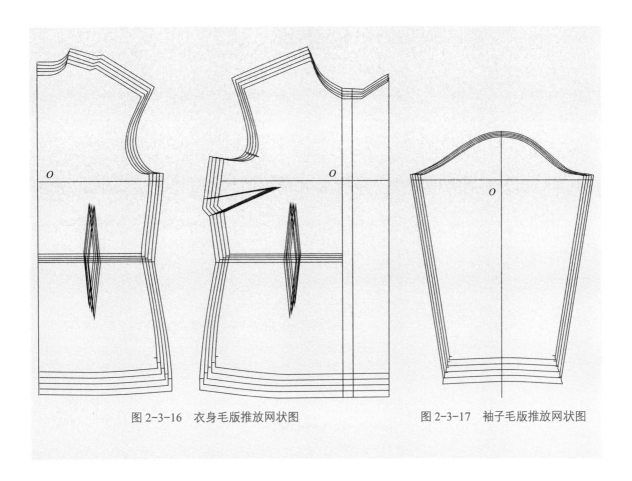

图 2-3-16　衣身毛版推放网状图　　　　图 2-3-17　袖子毛版推放网状图

任务五：男衬衫排料

工作任务单

任务名称	工作项目：衬衫工业制版 子项目：衬衫生产版制作 任务：男衬衫排料		
任务布置者		任务承接者	
工作任务： 将前面制作出来的男衬衫系列化生产版剪出纸样，并进行排料设计，绘制出排料图，任务以工作小组（5或6人/组）为单位进行。 提交材料： 以牛皮纸为制版材料，用铅笔绘制衬衫排料图。技术要求如下： 1. 图线要清晰、流畅，每一个裁片必要的符号标注要完整、清晰； 2. 排料要体现符合工艺要求和节省面料的基本原则； 3. 每一个裁片纱向线上要标注衬衫的裁片名称、规格代号； 4. 要测量出用料的米数（布匹尺寸规格可由任务布置者给定）			
任务完成时间	一个工作日（折合为6个学时，或由任务布置者给定）		

任务攻略

教师可以根据具体情况布置衬衫的排料任务。本书只提供男衬衫的排料图作为参考。

单件男衬衫排料图见图 2-3-18；衬衫排料图见图 2-3-19；面料有无倒顺区分的排料比较见图 2-3-20。

面料有倒顺排料与面料无倒顺排料相比较，耗用面料的量要稍微多一些。

由于时装衬衫的裁片形状往往比较复杂，因此，排料时往往需要根据实际情况进行排放，总的原则是纱向对正的同时尽可能节省用料。目前的服装企业中普遍使用的排料方法是CAD

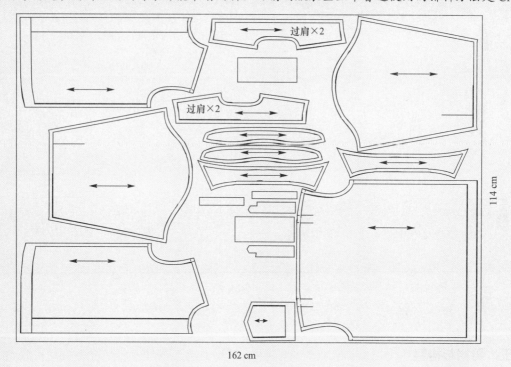

图 2-3-18　单件男衬衫排料图

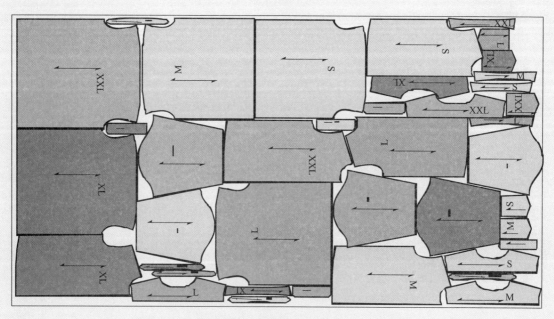

图 2-3-19　衬衫排料图（面料：104 cm 幅宽，无倒顺）

辅助排料法，很多 CAD 版本都设计了自动排料模块，极大地提高了操作速度，但真正节省用料的方法依旧是手工在案板上进行排料操作。企业可以根据自己的需要进行选择。图 2-3-20 是一般性的时装衬衫排料图。

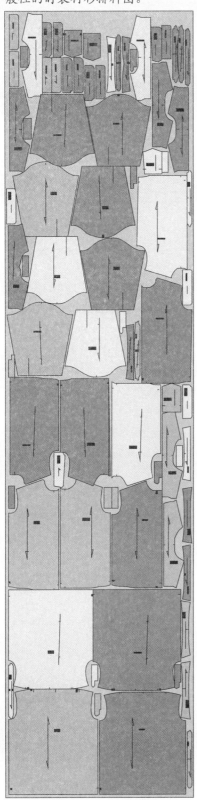

图 2-3-20　面料有无倒顺区分的排料比较

从排料图 2-3-20 中可以看到，一共有 5 个规格：无倒顺：小号（S）1 件，中号（M）2 件，大号（L）3 件，特大号（XL）2 件，超大号（XXL）1 件；有倒顺：小号（S）2 件，中号（M）4 件，大号（L）6 件，特大号（XL）4 件，超大号（XXL）2 件。个别零部件要穿插进缝隙当中。

子项目三　衬衫 CAD 制版

知识目标　了解如何使用 CAD 进行时装衬衫版型设计。

能力目标　掌握使用 CAD 进行制版、套版的能力，使用 CAD 给衬衫加放缝份和标记的能力，使用 CAD 进行推档和排料的能力。

素质目标　提升审美素质，具备精益求精的意识、吃苦耐劳的精神，细节刻画态度认真。

　　衬衫 CAD 制版任务主要是使用计算机辅助设计（简称 CAD）手段来完成衬衫的生产版制作，不提倡单纯使用 CAD 软件进行衬衫的设计版制作，但是，依然提倡使用 CAD 进行衬衫的套版操作，以便有效提升制版速度。

　　衬衫 CAD 制版要培养的核心能力包括：使用 CAD 进行制版、套版的能力，使用 CAD 给衬衫加放缝份和标记的能力，使用 CAD 进行推档和排料的能力。

　　教师可以根据实际情况调整 CAD 制版的子项目，涉及的制图公式可以参考手工操作部分。这里以关门领女衬衫为例。

任务一：关门领女衬衫 CAD 制图

工作任务单

任务名称	工作项目：衬衫工业制版 子项目：衬衫 CAD 制版 任务：关门领女衬衫 CAD 制图		
任务布置者		任务承接者	
工作任务： 根据企业给定的款式图和参考尺寸，使用服装 CAD 绘制关门领女衬衫的设计版，任务以单人为单位（也可根据实际情况分组）进行。 提交材料： 以 CAD 为基本工具，绘制关门领女衬衫的版型结构图，先使用绘图仪打印出 1∶1 比例图纸，最后提交修改后的 CAD 文件。技术要求如下： 1. 图线要清晰、流畅，颡道等细节刻画要清楚； 2. 必要的符号标注要完整、清晰、指代明确（缝边的细节不作要求）； 3. 衬衫的纱向线上要标注款号、裁片数、规格代号等必要信息； 4. 要在制作样衣后试穿，适当修改后定版，定版后提交 CAD 文件，文件名要符合规范要求			
任务完成时间	一个工作日（折合为 6 个学时，或由任务布置者给定）		

任务攻略

1. 款式特点

（1）样式：此款为基本型衬衫，小方领，中间开襟，钉5粒纽扣；摆缝腰节处略往里收进；袖型为一片式长袖，装袖头，钉1粒纽扣。图2-3-21为关门领女衬衫款式图。

图2-3-21　关门领女衬衫款式图

（2）胸围松量：12～16 cm。

2. 版型要点

（1）前衣片有肩胸颏，后衣片有后背颏。

（2）侧缝腰部略收进。

3. 参考规格（表2-3-7）

表2-3-7　参考规格　　　　　　　　　　　　　　　　单位：cm

身高（h）	衣长（L）	胸围（B）	肩宽（S）	袖长（S_1）	领围（N）
160	64	100	40	57	35

4. 版型制图（图2-3-22）

5. 任务要求

（1）绘出关门领女衬衫的版型结构线。

（2）做好必要的对位标记以及说明。

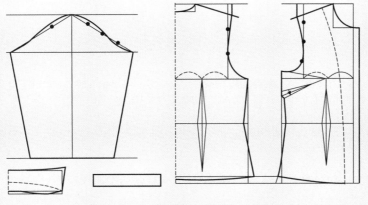

图2-3-22　关门领女衬衫CAD制图

任务二：关门领女衬衫生产版 CAD 制图

工作任务单

任务名称	工作项目：衬衫工业制版 子项目：衬衫 CAD 制版 任务：关门领女衬衫生产版 CAD 制图		
任务布置者		任务承接者	
工作任务： 使用 CAD 将前面的关门领女衬衫设计版转化为生产样版。任务以工作小组（5 或 6 人 / 组）为单位进行。 提交材料： 以 CAD 为制版工具，完成关门领女衬衫生产版制图（含净版与毛版），最终提交 CAD 文件。技术要求如下： 1. 图线要清晰、流畅，净份线和毛份线要清晰明了； 2. 颡道等细节刻画要清楚，缝边宽度控制要均匀，转角处理要合理； 3. 必要的符号标注要完整、清晰、指代明确，要有清晰的剪口标记； 4. 纱向线上要标注衬衫的名称、版号、裁片数、规格代号； 5. 要保证必要的尺寸规格（尺寸规格可由任务布置者给定）			
任务完成时间	一个工作日（折合为 6 个学时，或由任务布置者给定）		

任务攻略

将任务一制作得到的关门领女衬衫版型图进一步处理。女衬衫的净版制作需要注意各个缝合部位的对位细节，而毛版制作要注意缝份大小控制要均匀，而且在必要的位置要留有剪口标记。图 2-3-23 为关门领女衬衫工业样版 CAD 制图。

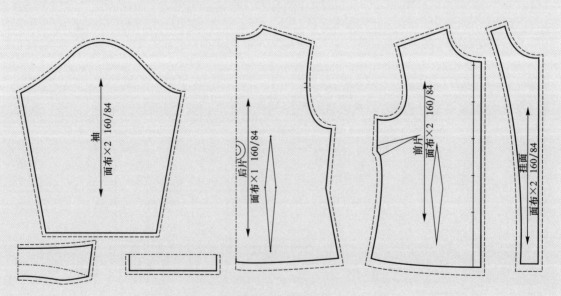

图 2-3-23　关门领女衬衫工业样版 CAD 制图

任务三：关门领女衬衫 CAD 推档

工作任务单

任务名称	工作项目：衬衫工业制版 子项目：衬衫 CAD 制版 任务：关门领女衬衫 CAD 推档		
任务布置者		任务承接者	
工作任务： 使用 CAD 将前面的女西裤单规格生产版转化为系列化生产版，任务以单人为单位进行。 提交材料： 以 CAD 为基本工具，绘制推档网状总图，并按 1：1 比例打印输出，提交 CAD 文件。技术要求如下： 1. 每一档纸样的边缘线条要清晰、流畅； 2. 颡道等细节刻画要清楚，剪口标记要清晰； 3. 必要的符号标注要完整、清晰、指代明确； 4. 每个规格上要标注衬衫的纱向线、剪口、名称、版号、裁片数、规格代号等必要信息； 5. 要保证必要的推档尺寸规格（尺寸规格可由任务布置者给定）			
任务完成时间	一个工作日（折合为 6 个学时，或由任务布置者给定）		

任务攻略

1. 参考规格（表 2-3-8）

表 2-3-8 参考规格

成品规格/cm 部位	号型	150	155	160	165	170	规格档差/cm
		76	80	84	88	92	
衣长		62	64	66	68	70	2
胸围		92	96	100	104	108	4
肩宽		37.6	38.8	40	41.2	42.4	1.2
袖长		52	53.5	55	56.5	58	1.5
领大		36	37	38	39	40	1
袖口		20	21	22	23	24	1

注：1. 本规格系列为 5.4 系列；
　　2. 按照本规格系列推档，是以 160/84 号型规格作为中间号型绘制标准母版

2. 推档总图（图 2-3-24）

3. 任务要求

（1）须针对定版的女衬衫样版进行推档。

（2）要由企业人员和教师共同提出修改意见。

（3）推档操作可参考女衬衫的手工推档过程。

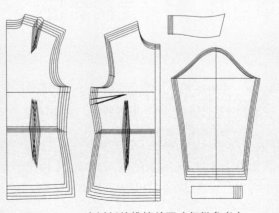

图 2-3-24　女衬衫的推档总图（仅供参考）

任务四：女衬衫 CAD 排料（非必选项）

工作任务单

任务名称	工作项目：衬衫工业制版 子项目：衬衫 CAD 制版 任务：女衬衫 CAD 排料		
任务布置者		任务承接者	
工作任务： 使用 CAD 将指定款式女衬衫系列化生产版进行排料设计，绘制出排料图，任务以单人为单位（也可根据实际情况分组）进行。 提交材料： 最后的作业结果以 CAD 文件的形式提交。技术要求如下： 1. 文件名要符合规范，制图线条要清晰、流畅，每一个裁片必要的符号标注要完整、清晰； 2. 排料要体现出符合工艺要求和节省面料的基本原则； 3. 每一个裁片纱向线上要标注衬衫的裁片名称、规格代号； 4. 要测量出用料的米数（布匹幅宽规格可由任务布置者给定）			
任务完成时间	一个工作日（折合为 6 个学时，或由任务布置者给定）		

任务攻略

使用 CAD 进行衬衫排料具有速度快的优势，但 CAD 排料也有不如手工操作的方面，那就是面料的利用率比手工排料略低，但是速度的优势完全可以弥补这方面的不足。教师可以根据需要，给学生布置 CAD 排料任务，使用 CAD 进行女衬衫排料的操作这里从略。

子项目四　衬衫定制制版

知识目标　了解时装衬衫版型设计如何操作、时装衬衫常见的版型结构变化。

能力目标　掌握衬衫数据量体采集能力、体型观察能力、版型调整能力。

素质目标　提升沟通能力、审美素质，具备精益求精的意识、坚持不懈的精神，对衬衫合体与造型有完整的认识。

关门领女衬衫定制制版的基本套路：先按照平面比例制图法或者立体裁剪法得到初版，然后迅速制作样衣，观察样衣的效果，本着肯定优点、改变缺点的原则，提出进一步修改的方案，从而进一步改进版型。

以上过程符合 PDCA 多重循环质量保证体系的思路，是有效的工作过程。

任务：关门领女衬衫定制制版

工作任务单

任务名称	工作项目：衬衫工业制版 子项目：衬衫定制制版 任务：关门领女衬衫定制制版		
任务布置者		任务承接者	
工作任务： 根据企业给定的款式图和目标人体（顾客），进行关门领女衬衫的定制制版，任务以工作小组（5或6人/组）为单位进行。 提交材料： 以牛皮纸等为制版材料，用HB制图铅笔绘制版型结构图。技术要求如下： 1. 图线要清晰、流畅，颚道等细节刻画要清楚； 2. 必要的符号标注要完整、清晰、指代明确； 3. 衬衫的纱向线上要标注款号、裁片数、规格代号等必要信息； 4. 要在制作白坯样衣后试穿，适当修改后定版，并确定最终的尺寸规格数据			
任务完成时间	一个工作日（折合为6个学时，或由任务布置者给定）		

任务攻略

根据具体的体型特征，绘制关门领女衬衫版型图。

1. 款式特点

（1）样式：此款为基本型衬衫，小方领，中间开襟，钉5粒纽扣；摆缝腰节处略往里收进；袖型为一片式长袖，装袖头，钉1粒纽扣。图2-3-25为关门领女衬衫款式图。

（2）松量：胸围12～16 cm（约0.20半身高）。

2. 版型要点

（1）前衣片有肩胸颚，后衣片有后背颚。

（2）侧缝腰部略收进。

3. 参考规格（表2-3-9）

表2-3-9 参考规格　　　　　单位：cm

身高(h)	衣长(L)	胸围(B)	肩宽(S)	袖长(S_1)	领围(N)
160	64	100	40	57	35

4. 版型制图（图2-3-26）

5. 任务要求

（1）规格尺寸要三次测量取平均值。

（2）版型需要在成品制作过程中加以调整和修改。

6. 制图步骤

前片制图步骤如下：

（1）止口线：作一条水平线。

图2-3-25 关门领女衬衫款式图

（2）搭门线：向上 2 cm 作止口线的平行线。

（3）上平线：在止口线上作一条垂直线。

（4）下平线：取衣长距离作上平线的水平线。

（5）袖窿深线：由上平线向下取 $0.25B$ 或 $0.17B+0.1$ 半号作止口线的垂线。

（6）腰节线：由上平线向下取 $0.25H$ 作止口线的垂线。

（7）前身宽：由搭门线向止口线另一侧取 $0.26B$ 作平行线。

（8）前胸宽线：由搭门线向前身宽线一侧取 $0.19B$ 作平行线。

（9）前领宽线：在上平线上距搭门 $0.19B$ 向下作一条平行于搭门线的直线。

（10）前领深线：由颈肩点向下在领宽线上取 $0.2N$ 作垂线交于搭门线。

（11）前肩斜线：以颈肩点为轴、上平线为边向下作 15∶6 的角度线。

（12）前肩宽：在上平线上取 $\frac{1}{2}S$ 作一条垂线，向下与肩斜线相交。

（13）胸高点：在前胸宽的 $\frac{1}{2}$ 处向后 0.5 cm。

（14）前肩颡：通过胸高点在肩斜线的 1/2 处作一条角度为 15∶2.5 的颡。

（15）颡道转移：将肩端点与胸高点连接，以胸高点为轴向外旋转一角度等于肩颡，旋转后角度线等于起始线长度。由肩点向颡中心连线，封闭肩颡完成肩部轮廓线。

（16）袖窿弧线：由合印点水平线加入开颡量，完成袖窿轮廓线。

（17）轮廓线：腰部收进 1.5 cm、下摆上抬 1.5 cm、外放 2 cm 完成前片所有轮廓线。

（18）扣位：将领深线向下 1.7 cm、腰节线向下 0.13 L 之间的距离分成 4 份，在搭门线上确定。

后片制图步骤如下：

（1）基础线：延长前片基础线，下摆处上抬 0.5 cm。

（2）背中线：作止口线的水平线，用点画线表示双折。

（3）后身宽线：取 $0.24B$ 作背中线的水平线。

（4）后背宽线：取 $0.2B$ 作背中线的水平线。

（5）后领宽线：取 $0.2N$ 作背中线的水平线。

（6）后领深线：上平线向下 2 cm 作水平线。

（7）后肩斜线：与前肩斜线作法相同，斜度取 15∶4。

（8）后肩颡：由距背中线 $0.1B$ 至后颈肩点处取 $0.1B$ 的线段，旋转 15∶3 做颡，由新肩点向颡中线连线闭合肩颡完成肩部轮廓线。

（9）轮廓线：以 $0.08B$ 为袖窿合印点，收腰 1.5 cm、下摆 1.5 cm 完成全部后片轮廓线。

袖片制图步骤如下：

（1）水平线：作一条水平直线。

（2）下平线：取袖长 -3 cm 作上平线的平行线。

（3）袖中线：在两条平行线间作一条垂线。

（4）袖肥：用袖中平分半袖肥 $0.2B$，按后半袖比前半袖肥 0.3 cm，调节前、后袖肥。

（5）袖山高：由袖山顶点向前袖肥取 $\frac{1}{2}AH$ 确定袖山高。

（6）袖口线：前、后袖肥各收 4 cm。

（7）袖衩线：在后袖口 1/2 处画 9 cm 长的袖衩。

（8）轮廓线：在前袖上、下 1/4，后袖上 1/4，前袖口 1/2，后袖口 1/2 找 1 cm 点，完成轮廓线。

领片制图步骤如下：

（1）领长线：取领弧 1/2 确定翻领长度。

（2）领宽线：取 1 cm 凹势、3 cm 领座、4 cm 翻领画线与领长垂直。

（3）领角长：在翻领前端伸长 4 cm 上抬 0.5 cm 完成领上口轮廓线。

（4）轮廓线：领下口前端上抬 0.5 cm，于前 1/3 点、后 1 cm 点画顺完成轮廓线。

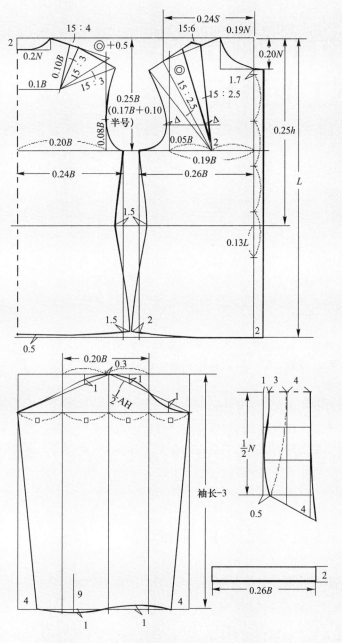

图 2-3-26　关门领女衬衫版型制图（仅供参考）

重要提示：衬衫工业制版的知识链接内容见第三部分"项目三　衬衫工业制版"二维码资源。

项目四
夹克工业制版

夹克（jacket）是一种短上衣，多为翻领、对襟，多用暗扣或拉链，也有立领和偏襟的设计，目的是便于工作和活动。图 2-4-1 所示为夹克基本样式。

本项目分为时装夹克设计版制作、夹克生产版制作和夹克 CAD 制版 3 个子项目。根据实际需要，教师可以从中选择合适的子项目来安排教学。

值得一提的是，能够明显区别工业化生产的有意义的定制制版应该属于"高级定制"的范畴，高级定制的重点在于"产品的高质量"，而夹克类服装多数本着简单实用的原则进行设计和生产，很少进入高级定制的领域，故本书并没有安排夹克制版的定制子项目。

图 2-4-1　夹克基本样式

子项目一　时装夹克设计版制作

知识目标　了解时装夹克版型设计如何操作、时装夹克常见的版型结构变化。

能力目标　掌握时装夹克颡道设置与转移能力、分割线设计与调整能力。

素质目标　提高审美素质，具备精益求精的意识、坚持不懈的精神、团队协作理念。

时装夹克的整体外观设计，可以直接通过改变普通上衣肩宽、衣长和腰围规格的大小，并调整领型、袖型以及衣身分割线来实现。时装夹克版型变化的方法是在上衣的基础形上，进行变款处理。其具体操作除了可以采用常规衣片进行剪切、展开、移位、合并等版型处理外，也可以利用常规时装夹克的数学模型直接进行变化。本着效率至上的原则，在此推荐使用夹克的数学模型变化实现夹克的版型设计。

本子项目可供参考的任务有 3 个，分别是男士宽松夹克设计、女子类插肩袖夹克设计、女子连身袖夹克设计。教师可以根据实际情况从中选择。

任务一：男士宽松夹克设计（推荐）

工作任务单

任务名称	工作项目：夹克工业制版 子项目：时装夹克设计版制作 任务：男士宽松夹克设计		
任务布置者		任务承接者	
工作任务： 根据企业给定的款式图和参考尺寸，绘制男士宽松夹克的设计版，任务以工作小组（5 或 6 人/组）为单位进行。 提交材料： 以牛皮纸为制版材料，用 HB 制图铅笔绘制版型结构图。技术要求如下： 1. 图线要清晰、流畅； 2. 颡道等细节刻画要清楚； 3. 必要的符号标注要完整、清晰、指代明确； 4. 夹克的纱向线上要标注款号、裁片数、规格代号等必要信息； 5. 要在制作样衣后试穿，适当修改后定版			
任务完成时间	一个工作日（折合为 6 个学时，或由任务布置者给定）		

任务攻略

1. 款式特点

（1）样式：领型为小翻领，前门襟装拉链。前、后衣片有明确的分割，前衣片左、右各有一个单嵌线挖袋。下摆紧窄。分割线均缉明线。图 2-4-2 为男式宽松夹克基本款式图。

（2）胸围松量：约 10 cm。

2. 版型要点

（1）袖子和衣身均有曲线形分割。

（2）类插肩袖版型。

3. 参考规格（表 2-4-1）

表 2-4-1　参考规格　　　　单位：cm

身高（h）	衣长（L）	胸围（B）	袖长（S_1）	肩宽（S）	袖口
170	64	95	58	42	酌情

4. 版型制图（图 2-4-3）

5. 任务建议

建议通过制作样衣来观察初级版型效果，经过一次或多次调整，最后定版。

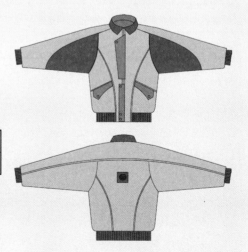

图 2-4-2　男式宽松夹克基本款式图

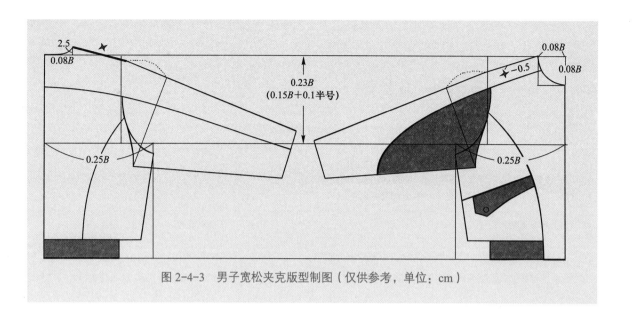

图 2-4-3 男子宽松夹克版型制图（仅供参考，单位：cm）

任务二：女子类插肩袖夹克设计

工作任务单

任务名称	工作项目：夹克工业制版 子项目：时装夹克设计版制作 任务：女子类插肩袖夹克设计		
任务布置者		任务承接者	
工作任务： 根据企业给定的款式图和参考尺寸，绘制女子类插肩袖夹克的设计版，任务以工作小组（5 或 6 人/组）为单位进行。 提交材料： 以牛皮纸为制版材料，用 HB 制图铅笔绘制版型结构图。技术要求如下： 1. 图线要清晰、流畅； 2. 分割线对位点等细节刻画要清楚； 3. 必要的符号标注要完整、清晰、指代明确； 4. 夹克的纱向线上要标注款号、裁片数、规格代号等必要信息； 5. 要在制作样衣后试穿，适当修改后定版			
任务完成时间	一个工作日（折合为 6 个学时，或由任务布置者给定）		

任务攻略

1. 款式特点

（1）样式：领型为立领，前门襟装拉链。前、后衣片有 S 形分割，前衣片左、右各有一个单嵌线挖袋；下摆紧窄，类插肩三片袖；分割线均缉明线。图 2-4-4 为女子类插肩袖夹克基本款式图。

（2）胸围松量：约 10 cm。

2. 版型要点

（1）公主线转化为 S 形分割。

(2)类插肩袖版型。

3. 参考规格（表2-4-2）

表2-4-2 参考规格　　　　　　单位：cm

身高(h)	衣长(L)	胸围(B)	净胸围(B_0)	袖长(S_1)	肩宽(S)	立座宽
170	64	95	85	58	44	3

4. 版型制图（图2-4-5、图2-4-6）

这里提供了两套版型设计方案，均能再现款式图，理论上讲都符合要求。但在实际应用过程中只能确定一种作为最终方案。这两套方案有一个共同点，就是先确定前片的袖中线斜度，得到前片袖子的袖山高，其也是后片袖子的袖山高。在画后片袖子时，需要先以这个袖山高数据为半径，以后片肩端点为圆心画一段圆弧，后袖片的袖山深线与袖中线的垂足显然就在这段圆弧上。根据这个道理，只要利用三角板就可以很容易地找到垂足。

图2-4-4 女子类插肩袖夹克基本款式图

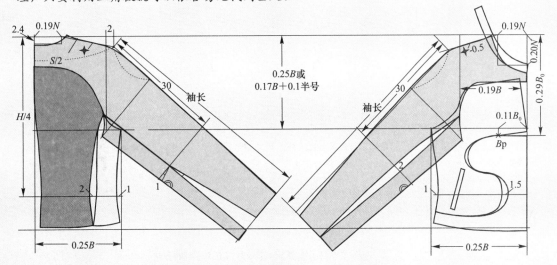

图2-4-5 女子类插肩袖夹克版型（方案一）（单位：cm）

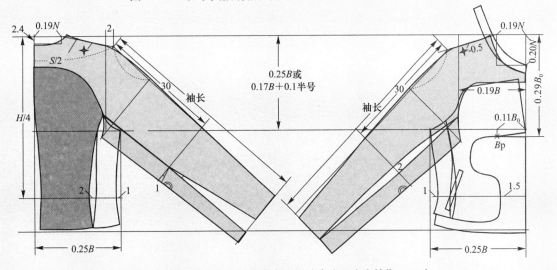

图2-4-6 女子类插肩袖夹克版型（方案二）（单位：cm）

其实，类插肩袖结构变化有很多，但原理都是相同的，就是袖子与衣身互借。可以参考类插肩袖结构变化的二维码资源。

5. 任务建议

建议通过制作样衣来观察初级版型的效果，经过一次或多次调整，最后定版。定版之前应由企业人员参与审核。

本款式涉及立领领型设计的难点，请参考立领设计的二维码资源。

类插肩袖结构变化　　　类插肩袖立领设计

任务三：女子连身袖夹克设计

工作任务单

任务名称	工作项目：夹克工业制版 子项目：时装夹克设计版制作 任务：女子连身袖夹克设计		
任务布置者		任务承接者	
工作任务： 根据企业给定的款式图和参考尺寸，绘制女子连身袖夹克的设计版，任务以工作小组（5或6人/组）为单位进行。 提交材料： 以牛皮纸为制版材料，用HB制图铅笔绘制版型结构图。技术要求如下： 1. 图线要清晰、流畅； 2. 分割线对位点等细节刻画要清楚； 3. 必要的符号标注要完整、清晰、指代明确； 4. 夹克的纱向线上要标注款号、裁片数、规格代号等必要信息； 5. 要在制作样衣后试穿，适当修改后定版			
任务完成时间	一个工作日（折合为6个学时，或由任务布置者给定）		

任务攻略

1. 款式特点

（1）样式：平领领型，双排扣，连身三片袖。图2-4-7为女子连身三片袖夹克款式。

（2）胸围松量：约15 cm。

2. 版型要点

可以按照类插肩袖夹克来设计，在进行公主线分割时，上端要始于插点。

3. 参考规格（表2-4-3）

表2-4-3　参考规格　　　　　　　　　　　　　　　　　　　　　　单位：cm

身高（h）	衣长（L）	胸围（B）	袖长（S_1）	肩宽（S）
180	66	95	60	42

4. 版型制图（图2-4-8）

5. 任务建议

建议通过制作样衣来观察初级版型效果，经过一次或多次调整，最后定版。在观察样衣制作效果时，需要注意到浮余量的存在，考虑人体运动以及面料成型原理，毕竟服装要从合体性与造型性兼顾的角度来进行设计，要认识到有些浮余量是无法从根本上去除的，不要在思维上走极端。这方面请参考相关的二维码资源。

值得留意的是，有很多夹克的袖型属于原装两片袖，这类袖型可以通过将一片袖切分的办法完成设计，操作过程参考相关的二维码资源。

图 2-4-7 女子连身三片袖夹克款式图

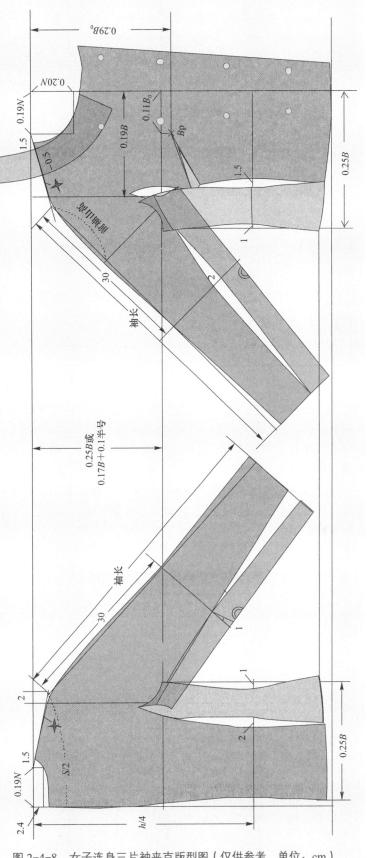

图 2-4-8 女子连身三片袖夹克版型图（仅供参考，单位：cm）

浮余量的存在

夹克袖子怎样设计

子项目二　夹克生产版制作

知识目标　了解夹克净版和毛版如何制作、夹克如何推档、夹克如何排料。
能力目标　掌握夹克缝份加放能力、规格设计能力、推档能力、排料能力。
素质目标　提高审美素质，具备精益求精的意识、坚持不懈的精神、细节刻画态度认真。

当首版经过样衣试制、试穿并修改多次以后，一旦确认可以定版，接下来就要进入生产版制作阶段了。生产版主要包括净版和毛版两部分。生产版制作在企业当中往往需要由专人来完成，在社会上有很多版房都在为企业提供制作生产版的专项服务。由于这部分内容不是本书的重点，因此只简要讲解。

夹克净版一般作为工艺操作过程中的斧正样版，属于工艺辅助样版的范畴。该类样版要求尺寸精确，所用材料要坚韧，容易保存。净版一般可以反映出夹克的基本版型。

虽然夹克的打版自由度比较高，但要根据款式和工艺要求来进行。下面以前面任务二的女夹克版型设计方案为例，说明夹克的工业制版过程（图2-4-9）。本子项目安排两个典型工作任务，可以酌情安排和调整。

任务一：单规格夹克生产版制作（含净版和毛版）

工作任务单

任务名称	工作项目：夹克工业制版 子项目：夹克生产版制作 任务：单规格夹克生产版制作（含净版和毛版）		
任务布置者		任务承接者	
工作任务： 将前面单规格女子类插肩袖夹克设计版制作成生产版，任务以工作小组（5或6人/组）为单位进行。 提交材料： 以牛皮纸为制版材料进行单规格女子类插肩袖夹克生产版制图（含净版和毛版）。技术要求如下： 1. 图线（含净份线和毛份线）要清晰、流畅，画面要整洁； 2. 颡道或分割线等细节刻画要清楚； 3. 必要的符号标注要完整、清晰、指代明确； 4. 纱向线上要标注夹克的名称、版号、裁片数、规格代号； 5. 要保证必要的尺寸规格			
任务完成时间	一个工作日（折合为6个学时，或由任务布置者给定）		

任务攻略

女子类插肩袖夹克净版和毛版的制作过程可以分成几个步骤来进行。为了看起来更加直观，在这里用适当的颜色对衣片净版和毛版进行了填充。

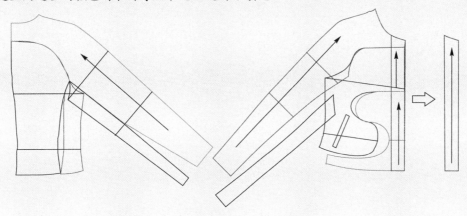

第一步，在版型设计制图版面把净版分离出来

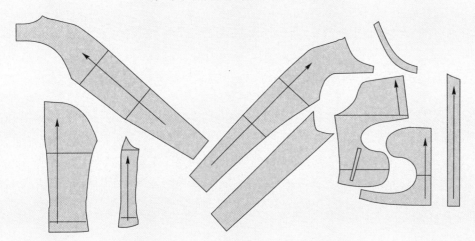

第二步，合并部分版型（如小袖片）

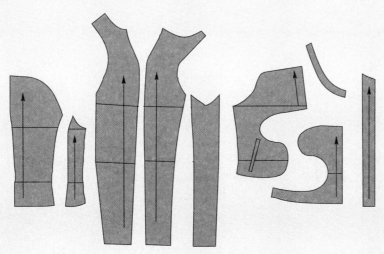

第三步，整理、复制净版型

图 2-4-9　女子类插肩袖夹克工业制版（全过程）

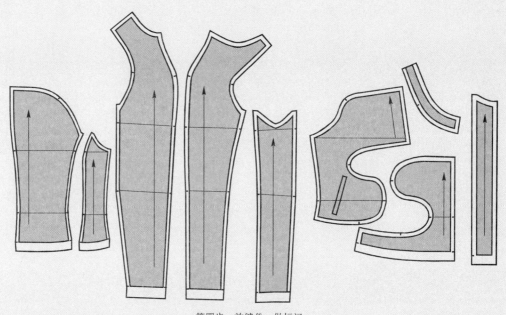

第四步,放缝份,做标记

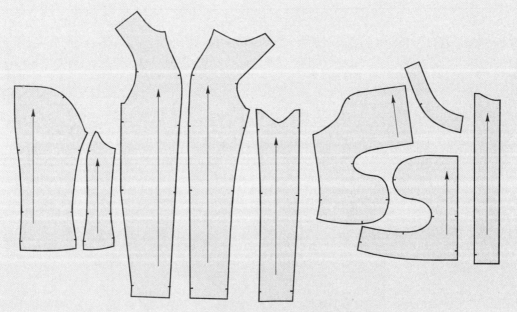

第五步,完成工业样版制作

图 2-4-9 女子类插肩袖夹克工业制版(全过程)(续)

任务二：插肩三片袖女夹克推档

工作任务单

任务名称	工作项目：夹克工业制版 子项目：夹克生产版制作 任务：插肩三片袖女夹克推档		
任务布置者		任务承接者	
工作任务： 将前面的插肩三片袖女夹克单规格生产版转化为系列化生产版，任务以工作小组（5或6人/组）为单位进行。 提交材料： 以牛皮纸为制版材料，用0.5mm自动铅笔绘制插肩三片袖女夹克推档网状总图。技术要求如下： 1. 单档图线和系列图线要清晰、流畅； 2. 分割线等细节刻画要清楚，剪口标记要清晰； 3. 必要的符号标注要完整、清晰、指代明确； 4. 每个规格上要标注夹克的纱向线、剪口、名称、版号、裁片数、规格代号等必要信息； 5. 要保证必要的推档尺寸规格（尺寸规格可由任务布置者给定）			
任务完成时间	一个工作日（折合为6个学时，或由任务布置者给定）		

任务攻略

夹克的推档，指的是把可以投产的样版进行大小规格不等的变化，制作出系列化样版。夹克的推档要兼顾两大原则：便捷性和保型性。我国早已出台的号型系列标准可以作为夹克推档的直接依据。这里仅提供女夹克和男夹克推档示意，任课教师给学生布置推档任务时可以参考。

（一）规格系列设置

规格系列设置见表2-4-4。

表2-4-4 规格系列设置

成品规格/cm	号型	150	155	160	165	170	规格档差/cm
部位		76	80	84	88	92	
衣长		62	64	66	68	70	2
胸围		86	90	94	98	102	4
袖长		54	55.5	57	58.5	60	1.5
袖口		26	27	28	29	30	1

注：1. 本规格系列为5.4系列；
　　2. 按本规格系列推档，是以160/84号型规格作为中间号型绘制标准母版

（二）基本设定

1. 确定推档基准点（图2-4-10）
2. 确定档差（单位：cm）

$\Delta L = 2$，$\Delta B = 4$，Δ袖长 $= 1.5$，Δ袖口 $= 1$，Δ袖窿深 $= 0.8$。

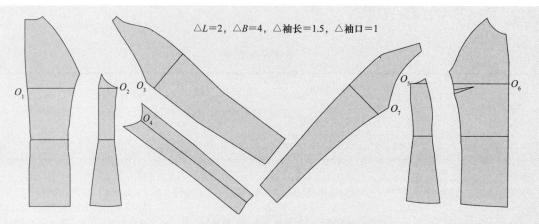

$\triangle L=2$，$\triangle B=4$，$\triangle$袖长$=1.5$，$\triangle$袖口$=1$

图 2-4-10 插肩三片女夹克推档基准点的确定

（三）档差计算与推档

本任务中档差的计算与推档仅供参考，推档图见图 2-4-11、图 2-4-12。

1. 前中片档差计算（单位：cm）

（1）$\triangle$袖窿深 $=0.8$。

（2）肩颈点 A：横差 $=0.08$，$\triangle B=0.3$，纵差 $=\triangle$袖窿深 $=0.8$。

（3）前领口点 B、B_1：

B：横差 $=0$，纵差 $=\triangle$袖窿深 $-\triangle$领深 $=0.8-0.08\triangle B=0.8-0.3=0.5$；

B_1：根据领口、串口各线条平行以及驳头宽度的变化确定点 B_1。

（4）肩端点 C：按照肩线平行的原则以及前后小肩长延伸量相等的原则确定肩端点 C。

（5）胸围线点 D、D_1：

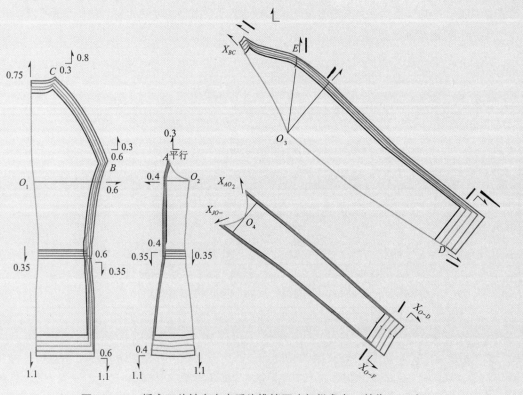

图 2-4-11 插肩三片袖女夹克后片推档图（仅供参考，单位：cm）

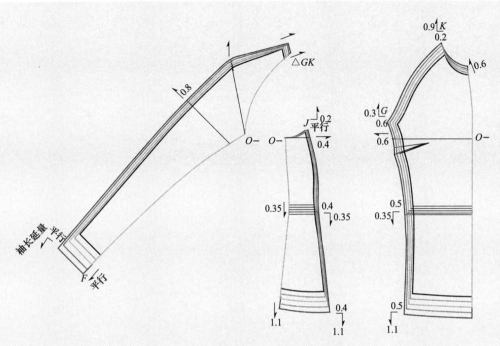

图 2-4-12 插肩三片袖女夹克前片推档图（仅供参考，单位：cm）

D：横差 $=(\Delta B/4)/2=0.5$（公主分割线约在胸围大的 1/2 处），纵差 $=0$；

D_1：横差 $=0$，纵差 $=0$（档差同坐标原点）。

（6）前公主线分割点 E：横差 $=\Delta S/2=0.6$，纵差 $=\Delta$ 袖窿深 $/3=0.3$。

（7）腰围线点 F、F_1：

F：横差 $=0.5$（同点 D 横差），纵差 $=\Delta$ 号 $/4-\Delta$ 袖窿深 $=1.25-0.8=0.45$；

F_1：横差 $=0$，纵差 $=0.45$。

（8）底边 GG_1：

G：横差 $=0.5$，纵差 $=\Delta L-\Delta$ 袖窿深 $=2-0.8=1.2$。

G_1：横差 $=0$，纵差 $=1.2$。

2. 前侧片档差计算（单位：cm）

（1）胸围线 DD_1：

D：横差 $=0.2$，纵差 $=0$；

D_1：横差 $=0.3$，纵差 $=0$。

（2）公主线分割点 E：横差 $=0$，纵差 $=0.3$（同前中片点 E 纵差）。

（3）腰围线 FF_1：

F：横差 $=0.2$（同点 D 横差），纵差 $=\Delta$ 号 $/4-\Delta$ 袖窿深 $=0.45$；

F_1：横差 $=0.3$（同点 D_1 横差），纵差 $=0.45$。

（4）底边 GG_1：

G：横差 $=0.2$，纵差 $=\Delta L-\Delta$ 袖窿深 $=1.2$；

G_1：横差 $=0.3$，纵差 $=1.2$。

3. 后中片档差计算（单位：cm）

（1）肩颈点 A：横差 $=0.08\Delta B=0.3$，纵差 $=\Delta$ 袖窿深 $=0.8$；

（2）领深点 B：横差 $=0$，纵差 $=0.8$。

(3) 肩端点 C：横差 $=\Delta S/2=0.6$，并按照肩线平行的原则确定肩端点 C。

(4) 胸围大点 D：

D：横差 $=0.5$，纵差 $=0$。

(5) 后公主线分割点 E：横差 $=0.6$，纵差 $=0.3$。

(6) 腰围线点 FF_1：

F：横差 $=0.5$，纵差 $=0.45$；

F_1：横差 $=0$，纵差 $=0.45$。

(7) 底边 GG_1：

G：横差 $=0.5$，纵差 $=\Delta L-\Delta$ 袖窿深 $=1.2$；

G_1：横差 $=0.5$，纵差 $=1.2$。

4. 后侧片档差计算（单位：cm）

(1) 胸围线 DD_1：

D：横差 $=0.2$，纵差 $=0$；

D_1：横差 $=0.3$，纵差 $=0$。

(2) 公主线分割点 E：横差 $=0$，纵差 $=0.3$（同后中片点 E 纵差）。

(3) 腰围线 FF_1：

F：横差 $=0.2$（同点 D 横差），纵差 $=\Delta$ 号 $/4-\Delta$ 袖窿深 $=0.45$；

F_1：横差 $=0.3$（同点 D_1 横差），纵差 $=0.45$。

(4) 底边 GG_1：

G：横差 $=0.2$，纵差 $=\Delta L-\Delta$ 袖窿深 $=1.2$；

G_1：横差 $=0.3$，纵差 $=1.2$。

5. 袖片档差计算（单位：cm）

(1) 袖山顶点 A：横差 $=0$，纵差 $=\Delta$ 袖窿深 $\times \dfrac{2}{3}=0.5$。

(2) 袖根肥 CC_1：

C：横差 $=\Delta$ 袖肥 $/2=\dfrac{1}{2}\times 0.2\Delta B=\dfrac{1}{2}\times 0.8=0.4$，纵差 $=0$；

C_1：横差 $=0.4$，纵差 $=0$。

(3) 后袖山 B：横差 $=\Delta$ 袖肥 $/2=0.4$，纵差 $=$ 袖山高 $\times \dfrac{2}{3}=\dfrac{2}{3}\times 0.5=0.3$；

(4) 袖口 EE_1：Δ 袖口 $/2=0.25$；

E：横差 $=0.3$，纵差 $=\Delta S_1-\Delta$ 袖山深 $=1.5-0.5=1$；

E_1：横差 $=0.2$，纵差 $=1$。

(5) 袖肘 DD_1：

D：横差 $=0.25$，纵差 $=0.5$（约为袖口纵差的 $1/2$）；

D_1：横差 $=0.25$，纵差 $=0.5$。

6. 领子档差计算

领子 ON 的延伸量等于前片串口线 B_1B_2 的延伸量；领子 OM 的延伸量等于前片 B_1A 与后片领口 AB 弧线延伸量之和。

任务三：插肩袖男夹克推档

工作任务单

任务名称	工作项目：夹克工业制版 子项目：夹克生产版制作 任务：插肩袖男夹克推档		
任务布置者		任务承接者	
工作任务： 将前面的插肩袖男夹克单规格生产版转化为系列化生产版，任务以工作小组（5或6人/组）为单位进行。 提交材料： 以牛皮纸为制版材料，用0.5mm自动铅笔绘制插肩袖男夹克推档网状总图。技术要求如下： 1. 单档图线和系列图线要清晰、流畅； 2. 分割线等细节刻画要清楚，剪口标记要清晰； 3. 必要的符号标注要完整、清晰、指代明确； 4. 每个规格上要标注夹克的纱向线、剪口、名称、版号、裁片数、规格代号等必要信息； 5. 要保证必要的推档尺寸规格（尺寸规格可由任务布置者给定）			
任务完成时间	一个工作日（折合为6个学时，或由任务布置者给定）		

任务攻略

插肩袖夹克推档具有自己的特殊性，一般可以先推净版再放缝边，此类推档只需本着保型和便捷的原则操作即可，坐标系的建立可以灵活机动。此类推档参考相关的二维码资源。

夹克推档的另一种情况是两片袖的推档。这类推档可以利用普通的直角坐标系，通过点移动的方式来进行。此类推档操作的过程参考相关的二维码资源。

插肩袖男夹克前、后衣片推档图见图2-4-13、图2-4-14，详细过程从略。

宽松夹克手工推档

夹克袖子怎样推档

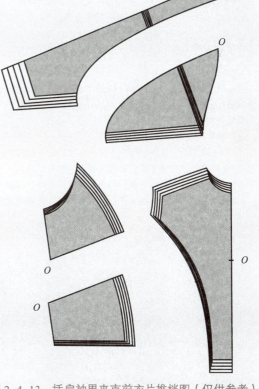
图2-4-13 插肩袖男夹克前衣片推档图（仅供参考）

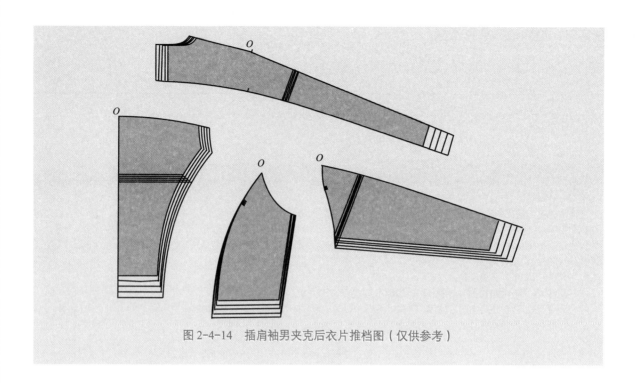

图 2-4-14 插肩袖男夹克后衣片推档图（仅供参考）

任务四：男夹克排料

工作任务单

任务名称	工作项目：夹克工业制版 子项目：夹克生产版制作 任务：男夹克排料		
任务布置者		任务承接者	
工作任务： 将前面制作出来的男夹克系列化生产版剪出纸样，并进行排料设计，绘制出排料图，任务以工作小组（5或6人/组）为单位进行。 提交材料： 以牛皮纸为制版材料，用铅笔绘制夹克排料图。技术要求如下： 1. 图线要清晰、流畅，每一个裁片必要的符号标注要完整、清晰； 2. 排料要体现符合工艺要求和节省面料的基本原则； 3. 每一个裁片纱向线上要标注夹克的裁片名称、规格代号； 4. 要测量出用料的米数（布匹幅宽规格可由任务布置者给定）			
任务完成时间	一个工作日（折合为6个学时，或由任务布置者给定）		

任务攻略

　　本任务非必选任务，教师可以根据教学需要安排，方法参考衬衫部分即可。

　　值得指出的是，裙子、裤子、衬衫、夹克、西服、大衣等多重循环的项目教学过程中，核心教学目标是培养能力，夹克排料能力在前面的其他排料项目训练中已经初步生成，故一般在教学过程中可以略去本任务。

子项目三　夹克 CAD 制版

知识目标　了解如何使用 CAD 进行夹克版型设计。

能力目标　掌握使用 CAD 进行制版、套版的能力，使用 CAD 给夹克加放缝份和标记的能力，使用 CAD 进行推档和排料的能力。

素质目标　提升审美素质，具备精益求精的意识、吃苦耐劳的精神，工作耐心细致。

夹克 CAD 制版任务主要是使用计算机辅助设计（简称 CAD）手段，来完成夹克的生产版制作。

夹克 CAD 制版子项目要培养的核心能力包括：使用 CAD 进行制版、套版的能力，使用 CAD 给夹克加放缝份和标记的能力，使用 CAD 进行推档和排料的能力。

教师可以根据实际情况调整 CAD 制版的子项目（以女夹克为例）。

任务一：双排扣女机车夹克 CAD 制图

工作任务单

任务名称	工作项目：夹克工业制版 子项目：夹克 CAD 制版 任务：双排扣女机车夹克 CAD 制图		
任务布置者		任务承接者	
工作任务： 　　根据企业给定的款式图和参考尺寸，使用 CAD 绘制双排扣女机车夹克的设计版，任务以单人为单位（也可根据实际情况分组）进行。 提交材料： 　　以 CAD 为基本工具，绘制双排扣女机车夹克的版型结构图，先使用绘图仪打印出 1∶1 比例图纸，最后提交修改后的 CAD 文件。技术要求如下： 　　1. 图线要清晰、流畅，颡道等细节刻画要清楚； 　　2. 必要的符号标注要完整、清晰、指代明确（缝边的细节不作要求）； 　　3. 夹克裁片的纱向线上要标注款号、裁片数、规格代号等必要信息； 　　4. 要在制作样衣后试穿，适当修改后定版，定版后提交 CAD 文件，文件名要符合规范要求			
任务完成时间	一个工作日（折合为 6 个学时，或由任务布置者给定）		

任务攻略

1. 款式特点

（1）样式：双排扣两粒扣，叠领平驳头，短衣身，摆缝腰节处略往里收进；袖型为两片式长袖，袖口钉 2 粒装饰扣。图 2-4-15 为双排扣女机车夹克款式图。

（2）胸围松量：12～16 cm。

2. 版型要点

（1）前衣片有肩胸颡，后衣片有后背颡。

（2）侧缝腰部略收进。

3. 参考规格（表2-4-5）

表2-4-5　参考规格　　　　　　　　　　　　　　　　　　单位：cm

身高（h）	衣长（L）	胸围（B）	肩宽（S）	袖长（S_1）	领围（N）
160	64	100	40	57	35

4. 版型制图（图2-4-16）

5. 任务要求

（1）绘出双排扣女机车夹克的版型结构线。

（2）做好必要的对位标记以及说明。

在加工型企业里，夹克使用CAD制版，一般也需要做样衣来观察穿着效果，通过进一步的调整和修改最终定版。样衣的穿着效果要从各个角度近距离观察，通过团队的评价，由技术主管人员负责提出修改意见。

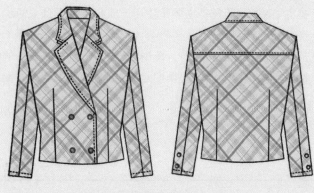

图2-4-15　双排扣女机车夹克款式图

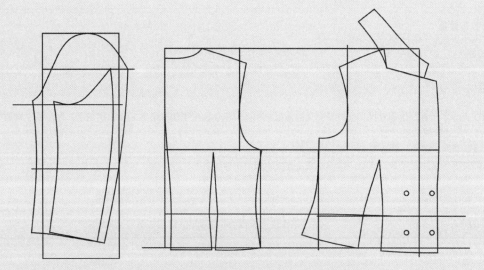

图2-4-16　双排扣女机车夹克CAD制图（仅供参考）

夹克样衣多角度观察

任务二：双排扣女机车夹克生产版 CAD 制图

工作任务单

任务名称	工作项目：夹克工业制版 子项目：夹克 CAD 制版 任务：双排扣女机车夹克生产版 CAD 制图		
任务布置者		任务承接者	
工作任务： 使用 CAD 手段将前面的双排扣女机车夹克设计版转化为生产版。任务以工作小组（5 或 6 人 / 组）为单位进行。 提交材料： 以 CAD 为制版工具，完成双排扣女机车夹克生产版 CAD 制图（含净版与毛版），最终提交 CAD 文件。技术要求如下： 1. 图线要清晰、流畅，净份线和毛份线要清晰明了； 2. 颡道等细节刻画要清楚，缝边宽度控制要均匀，转角处理要合理； 3. 必要的符号标注要完整、清晰、指代明确，要有清晰的剪口标记； 4. 纱向线上要标注夹克的名称、版号、裁片数、规格代号； 5. 要保证必要的尺寸规格（尺寸规格可由任务布置者给定）			
任务完成时间	一个工作日（折合为 6 个学时，或由任务布置者给定）		

任务攻略

将任务一制作得到的双排扣女机车夹克版型图进一步处理。女夹克的净版制作需要注意各个缝合部位的对位细节，而毛版制作要注意缝份大小并控制要均匀，而且在必要的位置要留有剪口标记。图 2-4-17 所示为使用 CAD 制作的女夹克工业样版（仅供参考）。

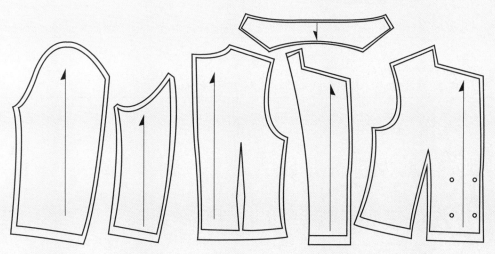

图 2-4-17　使用 CAD 制作的女夹克工业样版（仅供参考）

任务三：双排扣女机车夹克 CAD 推档

工作任务单

任务名称	工作项目：夹克工业制版 子项目：夹克 CAD 制版 任务：双排扣女机车夹克 CAD 推档		
任务布置者		任务承接者	
工作任务： 使用 CAD 将前面的双排扣女机车夹克的生产版转化为系列化生产版，任务以单人为单位或者以工作小组（5 或 6 人/组）为单位进行。 提交材料： 以 CAD 为基本工具，绘制双排扣女机车夹克推档网状总图，按 1∶1 比例打印输出，并提交 CAD 文件。技术要求如下： 1. 每一档纸样的边缘线条要清晰、流畅； 2. 颗道等细节刻画要清楚，剪口标记要清晰； 3. 必要的符号标注要完整、清晰、指代明确； 4. 每个规格上要标注夹克的纱向线、剪口、名称、版号、裁片数、规格代号等必要信息； 5. 要保证必要的推档尺寸规格（尺寸规格可由任务布置者给定）			
任务完成时间	一个工作日（折合为 6 个学时，或由任务布置者给定）		

任务攻略

1. 参考规格（表 2-4-6）

表 2-4-6 参考规格

成品规格/cm 部位	号型	150	155	160	165	170	规格档差/cm
		76	80	84	88	92	
衣长		62	64	66	68	70	2
胸围		92	96	100	104	108	4
肩宽		37.6	38.8	40	41.2	42.4	1.2
袖长		52	53.5	55	56.5	58	1.5
领大		36	37	38	39	40	1
袖口		20	21	22	23	24	1

注：1. 本规格系列为 5.4 系列；
　　2. 按照本规格系列推档，是以 160/84 号型规格作为中间号型绘制标准母版

2. 推档总图（图 2-4-18）

3. 任务要求

（1）须针对定版的女夹克样版进行推档。

（2）要由企业人员和教师共同提出修改意见。

（3）推档操作可参考女夹克的手工推档过程。

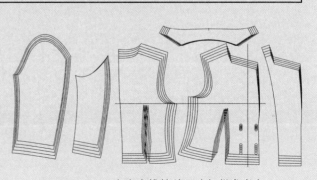

图 2-4-18　女夹克推档总图（仅供参考）

任务四：双排扣女机车夹克 CAD 排料

工作任务单

任务名称	工作项目：夹克工业制版 子项目：夹克 CAD 制版 任务：双排扣女机车夹克 CAD 排料		
任务布置者		任务承接者	
工作任务： 使用 CAD 将指定款式的女机车夹克系列化生产版进行排料设计，绘制出排料图，任务以单人为单位（也可根据实际情况分组）进行。 提交材料： 最后的作业结果以 CAD 文件的形式提交。技术要求如下： 1. 文件名要符合规范，制图线条要清晰、流畅，每一个裁片必要的符号标注要完整、清晰； 2. 排料要体现符合工艺要求和节省面料的基本原则； 3. 每一个裁片纱向线上要标注夹克的裁片名称、规格代号； 4. 要测量出用料的米数（布匹幅宽规格可由任务布置者给定）			
任务完成时间	一个工作日（折合为 6 个学时，或由任务布置者给定）		

任务攻略

使用 CAD 进行夹克排料具有速度快的优势。CAD 排料也有不如手工操作的方面，那就是面料的利用率比手工排料略低，但是速度的优势完全可以弥补这方面的不足。教师可以根据需要给学生布置 CAD 排料任务，图 2-4-19 就是使用 CAD 完成的女夹克排料任务图（仅供参考）。

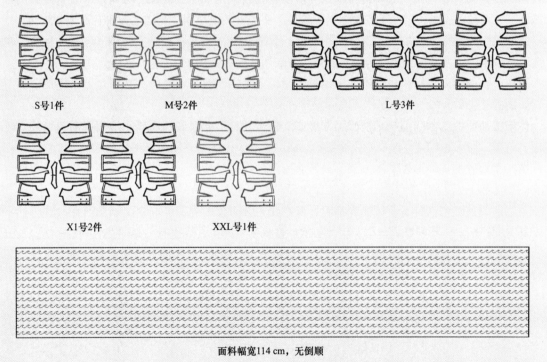

图 2-4-19 使用 CAD 完成的女夹克排料任务图（仅供参考）

重要提示：夹克工业制版的知识链接内容浏览本书第三部分"项目四 夹克工业制版"二维码资源。

项目五
西服工业制版

西服以前称为洋服，起源于欧洲，晚清时传入我国。目前，西服已经成为国际性通用服装。尽管时装流行变化无穷，但西服始终保持着它的基本造型，几乎已成固定的模式，很少有什么变化。即使随着服装流行趋势的发展，造型款式有所更新，也只是局限在衣领、驳角或衣袋等方面的细小和微妙变化而已。因此，就西服的版型制图来说，在遵守传统格局的基础上要讲究严谨和规范。

西服的特点是简洁、利落、追求实用功能，能表达出人类所特有的文化涵养与精神面貌。这是工业革命以来，西方乃至全世界人类对服饰、仪表所达成的共识。

正统的西服绝无累赘拖沓之嫌，在色彩、材料上追求高雅、沉着，在造型上追求简洁。西服适合在正规的礼仪场合和一定的工作环境中穿着。

休闲类西服的基本版型与正统西服并无多大差别，除了色彩和面料比正统西服随意之外，还在驳领、门襟、扣子等装饰性部位的设计不拘一格，体现了人类对于回归自然的向往。

男、女西服的总体造型基本一致，只是女西服的线条较为柔和，收腰量与下摆均大于男西服。还有一些局部上的区别，如背衩、摆衩等都体现在男西服中。

虽然西服是定型品种，整体变化不大，其变化主要表现在局部及衣料材质的选择、纹样的不同搭配等方面，但对于不同身材体型、年龄层次、性格爱好的人，还是有一定款式区别的。

本项目提供了西服设计版制作、西服生产版制作、西服CAD制版和西服定制制版4个子项目。教师可以根据实际需要，从中选择合适的子项目来安排教学。

子项目一 西服设计版制作

知识目标　了解西服版型设计如何操作、西服常见的版型结构变化、西服配领子方法、西服配袖子方法。
能力目标　掌握颡道设置与转移能力，分割线设计与调整能力，配领子、袖子和里配衬的能力。
素质目标　提升审美素质，具备精益求精的意识、坚持不懈的精神、团队协作理念。

西服的整体外观设计，可以直接通过改变臀围、中裆和脚口规格的大小来实现。西服版型变化的方法是在上衣的基础形上进行变款版型的处理。其具体的操作除了可以采用常规衣片进行剪切、展开、移位、合并等版型处理外，也可以利用常规西服的数学模型直接进行变化。本书建议采用后者进行操作。

任务一：平驳头男西服制图

工作任务单

任务名称	工作项目：西服工业制版 子项目：西服设计版制作 任务：平驳头男西服制图		
任务布置者		任务承接者	
工作任务： 根据企业给定的款式图和参考尺寸，绘制平驳头男西服的设计版，任务以工作小组（5或6人/组）为单位进行。 提交材料： 以牛皮纸为制版材料，用HB制图铅笔绘制版型结构图。技术要求如下： 1. 图线要清晰、流畅； 2. 颡道等细节刻画要清楚； 3. 必要的符号标注要完整、清晰、指代明确； 4. 西服裁片的纱向线上要标注款号、裁片数、规格代号等必要信息； 5. 要在制作样衣后试穿，适当修改后定版			
任务完成时间	一个工作日（折合为6个学时，或由任务布置者给定）		

任务攻略

1. 款式特点
（1）样式：平驳头，前门襟单排两粒扣，圆角下摆。左驳头有一个插花眼，前片大袋左、右各一个，袋型为双嵌线，装袋盖，左前片设计一个胸袋。前身收腰颡、肋颡，后片中缝开背缝。袖型为圆装袖，袖口钉3粒装饰扣。图2-5-1为平驳头男西服款式图。
（2）胸围松量：约16 cm。
2. 版型要点
（1）三开身，前身收腰颡，腋下有2 cm 颡量。

（2）两片圆装袖，翻驳领。

3. **参考规格**（表2-5-1）

表2-5-1 参考规格　　　　　　　　单位：cm

身高(h)	前衣长(L)	胸围(B)	肩宽(S)	袖长(S_1)	翻领宽	领座宽
170	74	110	46	61	3.6	2.6

4. **版型制图**（图2-5-2、图2-5-3）

关于西服衣身的设计，需要熟记一些比例数字。由于男西服设计领域的版型流派众多，因此无法用统一的标准来规定各个部位的比例数值，但万变不离其宗，大致的比例数值还是非常接近的。关于西服衣身结构设计过程，可以参考二维码资源。

图2-5-1 平驳头男西服款式图

西服衣身怎样设计

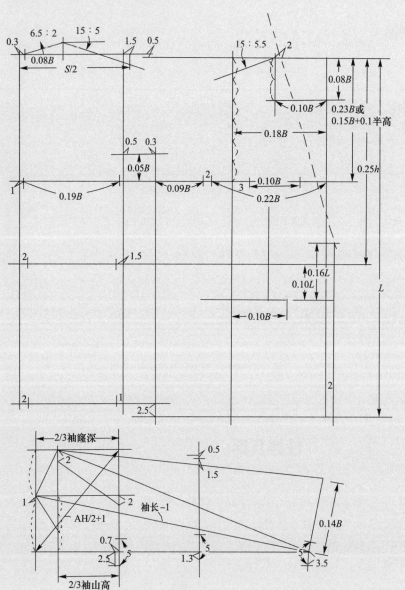

图2-5-2 平驳头男西服框架图（单位：cm）

关于西服袖子的设计，精雕细刻的高级版型有扣式设计环节。关于西服袖的扣式设计过程，可以参考二维码资源。

关于西服领子的设计，进入高级层面后则有挖领脚设计环节。所谓挖领脚就是将西服领子的领座与领面分开，适当调整二者缝口处的曲度，以便领子缝制完成后产生与人体颈部贴合的效果。关于西服挖领脚的设计过程，可以参考二维码资源。

西服袖扣式设计

传统西服挖领脚设计

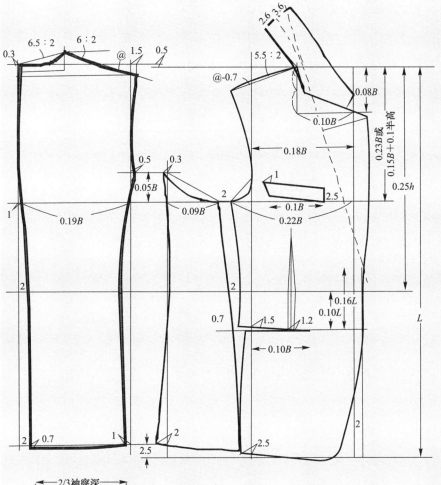

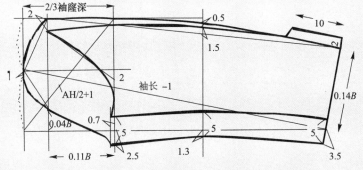

新型西服挖领脚设计

图 2-5-3　平驳头男西服版型图（单位：cm）

任务二：欧版平驳头男西服版型设计

工作任务单

任务名称	工作项目：西服工业制版 子项目：西服设计版制作 任务：欧版平驳头男西服版型设计		
任务布置者		任务承接者	
工作任务： 根据企业给定的款式图和参考尺寸，绘制欧版平驳头男西服的设计版，任务以工作小组（5 或 6 人 / 组）为单位进行。 提交材料： 以牛皮纸为制版材料，用 HB 制图铅笔绘制版型结构图。技术要求如下： 1. 图线要清晰 / 流畅； 2. 颡道等细节刻画要清楚； 3. 必要的符号标注要完整、清晰、指代明确； 4. 西服裁片的纱向线上要标注款号、裁片数、规格代号等必要信息； 5. 要在制作样衣后试穿，适当修改后定版			
任务完成时间	一个工作日（折合为 6 个学时，或由任务布置者给定）		

任务攻略

1. 款式特点

（1）样式：平驳头，前门襟单排两粒扣，圆角下摆。左驳头有一个插花眼，前片大袋左、右各一个，袋型为双嵌线、装袋盖，左前片设计一个胸袋。前身收腰颡、肋颡，后身有背缝。袖型为圆装袖，袖口开祺钉装饰扣 4 粒，造型较合体。图 2-5-4 为欧版平驳头男西服款式图。

（2）胸围松量：15~18 cm。

2. 版型要点

此版西服与前面提到的平驳头男西服相比较有更加细微的版型特征。

（1）版型主要风格同前平驳头男西服，只是串口线偏高一些。

（2）注意版型制图中毛份、净份标注。

3. 参考规格（表 2-5-2）

表 2-5-2　参考规格　　　　　单位：cm

身高（h）	后衣长（L）	胸围（B）	肩宽（S）	袖长（S_1）	翻领宽	领座宽
170	72	108	46	61	3.6	2.6

4. 版型制图（图 2-5-5）

关于欧版男西服的袖子设计，目前较为流行的做法是七点配袖。根据袖山和袖窿上的七组对位点来配袖，可以保证最终绱好的袖子的左右对称性。此类配袖法可以参考相关的二维码资源。

图 2-5-4　欧版平驳头男西服款式图

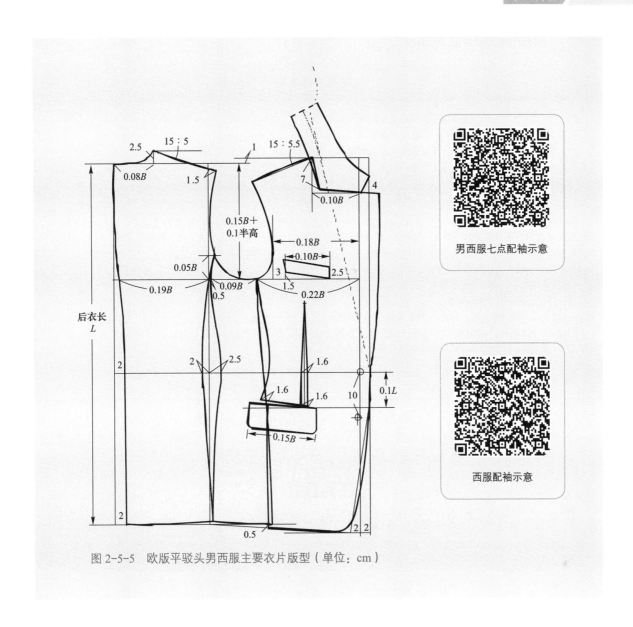

图 2-5-5　欧版平驳头男西服主要衣片版型（单位：cm）

子项目二　西服生产版制作

知识目标　了解西服版型设计如何操作、西服常见的版型结构变化。

能力目标　掌握西服缝份加放能力、规格设计能力、推档能力。

素质目标　提升审美素质，具备精益求精的意识、坚持不懈的精神，细节刻画态度认真。

　　西服是目前世界上生产规模最大的成衣类型，很多企业有专门的生产线常年生产，因此西服打版是服装打版工作中一个非常大的分支，目前发展也十分成熟，在版型细节方面有很多成功的参照。无论手工制版还是 CAD 制版，技术标准都是一样的。

任务一：单规格西服净版制作

工作任务单

任务名称	工作项目：西服工业制版 子项目：西服生产版制作 任务：单规格西服净版制作		
任务布置者		任务承接者	
工作任务： 需要将前面单规格平驳头男西服设计版制作成生产版净版，任务以工作小组（5或6人/组）为单位进行。 提交材料： 以牛皮纸为制版材料。技术要求如下： 1. 图线要清晰、流畅，图面要整洁； 2. 颡道和结构线等细节刻画要清楚； 3. 必要的符号标注要完整、清晰、指代明确； 4. 纱向符号上要标注西服的名称、版号、裁片数、规格代号； 5. 要保证必要的尺寸规格（尺寸规格可由任务布置者给定）			
任务完成时间	一个工作日（折合为6个学时，或由任务布置者给定）		

任务攻略

西服样版以裁剪制图为基础，但裁剪制图与版型图有明显的区别。裁剪制图是以人体的实际测量尺寸或者系列规格尺寸绘制的，称为净版（图2-5-6），净版一般作为工艺辅助样版使用；而毛版是根据净版的轮廓线条，在加放缝头、折边等缝制工艺所需要的量进行画、剪制作出来的。

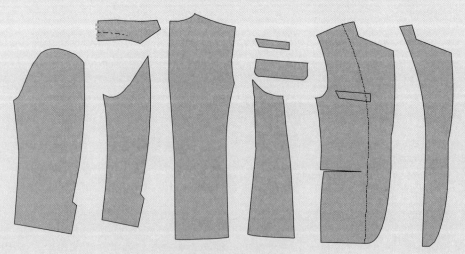

图2-5-6　西服的净版示意

任务二　单规格西服毛版制作

工作任务单

任务名称	工作项目：西服工业制版 子项目：西服生产版制作 任务：单规格西服毛版制作		
任务布置者		任务承接者	
工作任务： 将前面的单规格平驳头男西服生产用净版制作成毛版，任务以工作小组（5 或 6 人 / 组）为单位进行。 提交材料： 以牛皮纸为制版材料。技术要求如下： 1. 图线要清晰、流畅，图面要整洁； 2. 颡道和结构线等细节刻画要清楚，剪口标记要完整、清晰； 3. 必要的符号标注要完整、清晰、指代明确； 4. 纱向线上要标注西服的名称、版号、裁片数、规格代号； 5. 要保证必要的尺寸规格			
任务完成时间	一个工作日（折合为 6 个学时，或由任务布置者给定）		

任务攻略

西服的毛版是在净版的基础上加放缝边以及折边的量得到的，属于裁剪样版这一大类。一般没有特殊说明的部位，缝边均按 1cm 来设置。毛版需要做好纱向标记，纱向标记一般要画得很长，便于排料操作。此外，还要打好关键部位的剪口。由于这部分内容属于生产环节，因此本书讲解从略。图 2-5-7～图 2-5-9 所示为西服样版加放缝边示意。

（一）西服样版加放缝边

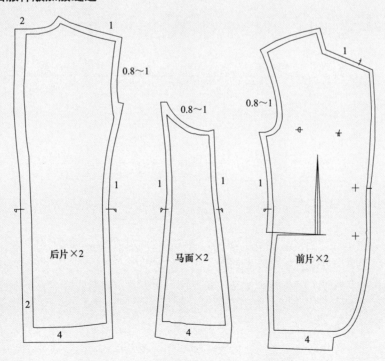

图 2-5-7　西服样版加放缝边示意（一）（单位：cm）

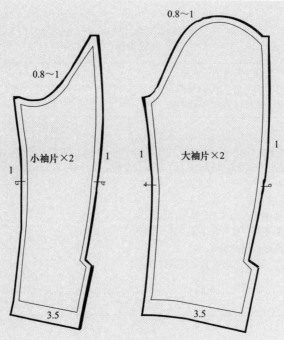

图 2-5-8　西服样版加放缝边示意（二）（单位：cm）

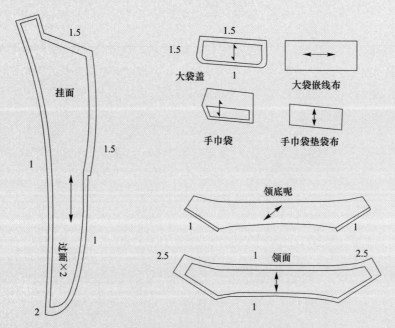

图 2-5-9　西服样版加放缝边示意（三）（单位：cm）

（二）西服样版加放缝边后的工艺处理

如果是单件手工裁剪，需要将面料直接裁剪成毛版形状，然后在净份线的转角处打下线钉作为标记。口袋和颡道的位置也应该打出线钉以便于定位。图 2-5-10 所示的就是单件手工裁剪在衣片上打线钉的情况。但工业化裁剪不可能在每件服装的衣片上都打线钉，于是只能采取替代的办法来处理，具体的措施是在衣片的边缘打剪口作为标记。而口袋和颡道的位置采用钻眼的办法来定位，钻眼采用的是专用设备。

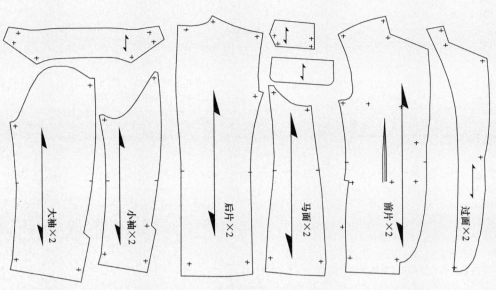

图 2-5-10　西服衣片打线钉示意

(三) 西服样版缝边的剪口处理

西服样版缝边剪口深度一般约为缝边宽度的 1/3。图 2-5-11 所示为西服毛版 (或衣片) 缝边剪口示意。

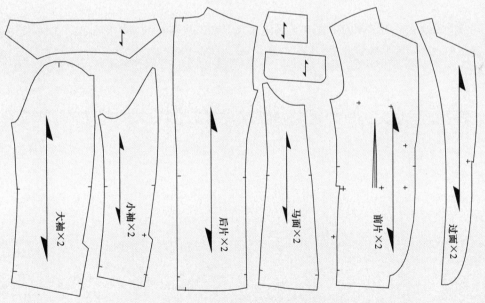

图 2-5-11　西服毛版 (或衣片) 缝边剪口示意

任务三：西服配衬

工作任务单

任务名称	工作项目：西服工业制版 子项目：西服生产版制作 任务：西服配衬		
任务布置者		任务承接者	
工作任务： 将前面的单规格平驳头男西服加以配衬，任务以工作小组（5或6人/组）为单位进行。 提交材料： 以牛皮纸为制版材料。技术要求如下： 1. 图线要清晰、流畅，图面要整洁； 2. 配衬部位等细节刻画要清楚，必要的标记要完整、清晰； 3. 必要的符号标注要完整、清晰、指代明确； 4. 纱向线上要标注西服裁片的名称、版号、裁片数、规格代号			
任务完成时间	一个工作日（折合为6个学时，或由任务布置者给定）		

任务攻略

西服毛版（或衣片）配衬一般主要在前衣片、袖山、袖口、领子等部位。图2-5-12所示为西服毛版（或衣片）配衬示意。

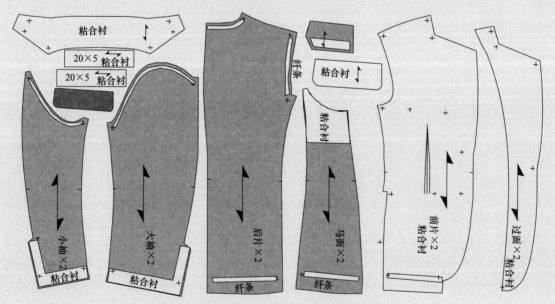

图2-5-12 西服毛版（或衣片）配衬示意（单位：cm）

任务四：西服配里子

工作任务单

任务名称	工作项目：西服工业制版 子项目：西服生产版制作 任务：西服配里子		
任务布置者		任务承接者	
工作任务： 将前面的单规格平驳头男西服加以配里，任务以工作小组（5或6人/组）为单位进行。 提交材料： 以牛皮纸为制版材料。技术要求如下： 1. 图线要清晰、流畅，图面要整洁； 2. 配衬部位等细节刻画要清楚，必要的标记要完整、清晰； 3. 必要的符号标注要完整、清晰、指代明确； 4. 纱向线上要标注西服裁片的名称、版号、裁片数、规格代号			
任务完成时间	一个工作日（折合为6个学时，或由任务布置者给定）		

任务攻略

西服配里子，要保持一定的松度供人体活动，并且以不外露、不堆积为最高境界，教师可以根据实际情况自定标准。图2-5-13、图2-5-14所示为西服样版配里子示意。

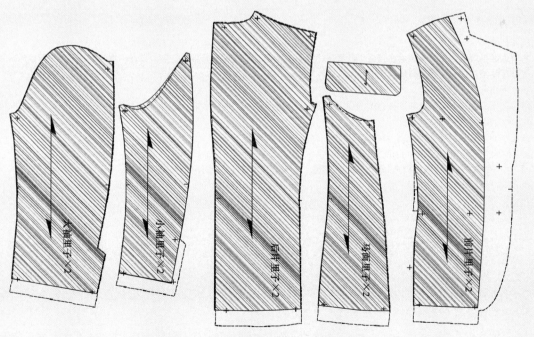

图 2-5-13　西服样版配里子示意（一）

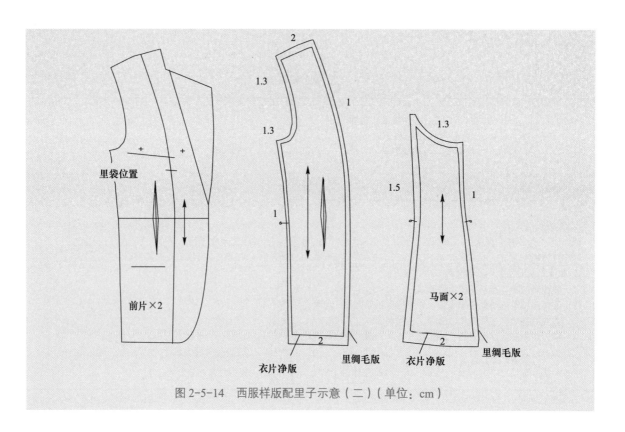

图 2-5-14 西服样版配里子示意（二）（单位：cm）

任务五：男西服推档

工作任务单

任务名称	工作项目：西服工业制版 子项目：西服生产版制作 任务：男西服推档		
任务布置者		任务承接者	

工作任务：
将前面的平驳头男西服单规格生产版（含净版和毛版）转化为系列化生产版，任务以工作小组（5或6人/组）为单位进行（也可酌情追加衬料和里料的推档）。
提交材料：
以牛皮纸为制版材料，用0.5mm自动铅笔绘制平驳头男西服的推档网状总图。技术要求如下：
1. 单档图线和系列图线要清晰、流畅；
2. 分割线等细节刻画要清楚，剪口标记要清晰；
3. 必要的符号标注要完整、清晰、指代明确；
4. 每个规格上要标注西服的纱向线、剪口、名称、版号、裁片数、规格代号等必要信息；
5. 要保证必要的推档尺寸规格

任务完成时间	一个工作日（折合为6个学时，或由任务布置者给定）

任务攻略

  西服的推档又称推挡，指的是把可以投产的样版进行大小规格不等的系列化样版制作。西服的推档要兼顾两大原则：便捷性和保型性。
  除了采用相似形、摞推等推档方法以外，还可以对衣片进行点放码推档。由于给定的尺寸不能保证样版的形状不变，因此需要根据给定的数据将样版上的关键点逐点推档。这就是点放码推档方法。

点放码推档方法虽然不能严格保证样版的形状，但能一定程度地保证样版不变形。因此，其推放的整个过程可以参照相似形推档方法来进行。例如，可以先按相似形推档的方法处理，然后调节各个主要部位的尺寸规格。

点放码推档方法在此是需要重点讲述的内容。该方法是在事先给定几个主要控制部位尺寸的前提下进行的推档操作。

（一）规格系列设置

规格系列设置见表2-5-3。

表2-5-3 规格系列设置　　　　　　　　　　　　　　　　　单位：cm

身高（h）	胸围（B）	肩宽（S）	前衣长（L）	袖长（S_1）	规格
160	102	43.6	70	57	XS
165	106	44.8	72	58.5	S
170	110	46	74	60	M
175	114	47.2	76	61.5	L
180	118	48.4	78	63	XL
5	4	1.2	2	1.5	档差

（二）坐标系选择和档差的分配

安排学生操作时，可以让学生自由选择坐标系。衣身和袖子一般可以把坐标原点放在袖窿深线处（图2-5-15、图2-5-16），也可以把原点放在腰节线处，领子推档可以灵活把握。

$\triangle L=2$，$\triangle B=4$，$\triangle S=1.2$，$\triangle$袖长$=1.5$，$\triangle$袖口$=1$

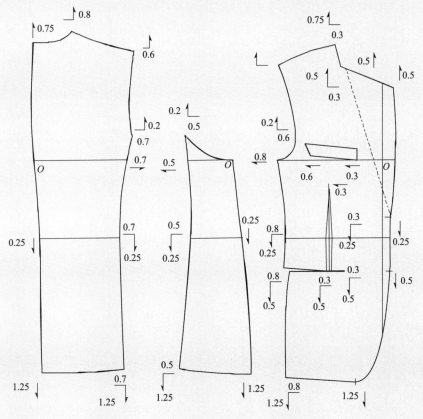

图2-5-15 男西服点放码推档示意（单位：cm）

档差分配情况因坐标系选择的不同而不同。

根据坐标原点改在腰节处,推档数据可以参考图2-5-17～图2-5-19。

推档的结果无论是将坐标原点放在何处,都要求图线清晰、线条流畅。图2-5-20～图2-5-24分别为前、后衣片,马面净版推档网状图,大、小袖片净版推档网状图,领子净版推档网状图,前、后衣片,马面毛版推档网状图和大、小袖片毛版推档网状图。

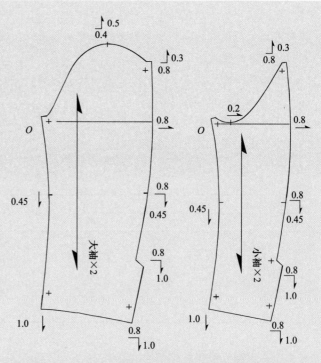

图2-5-16 男西服袖子点放码推档示意(单位:cm)

$\triangle L=2$,$\triangle B=4$,$\triangle S=1.2$,袖长$=1.5$,$\triangle$袖口$=1$

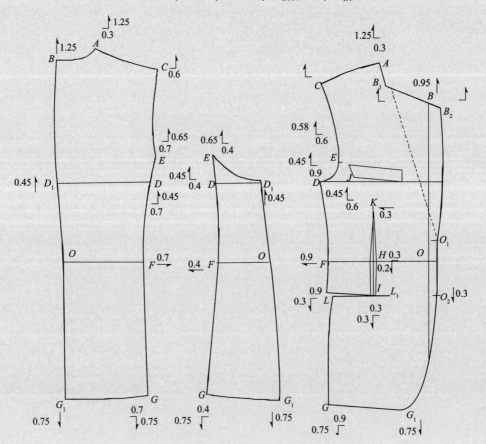

图2-5-17 前、后衣身档差分配示意(O点在腰节处,单位:cm)

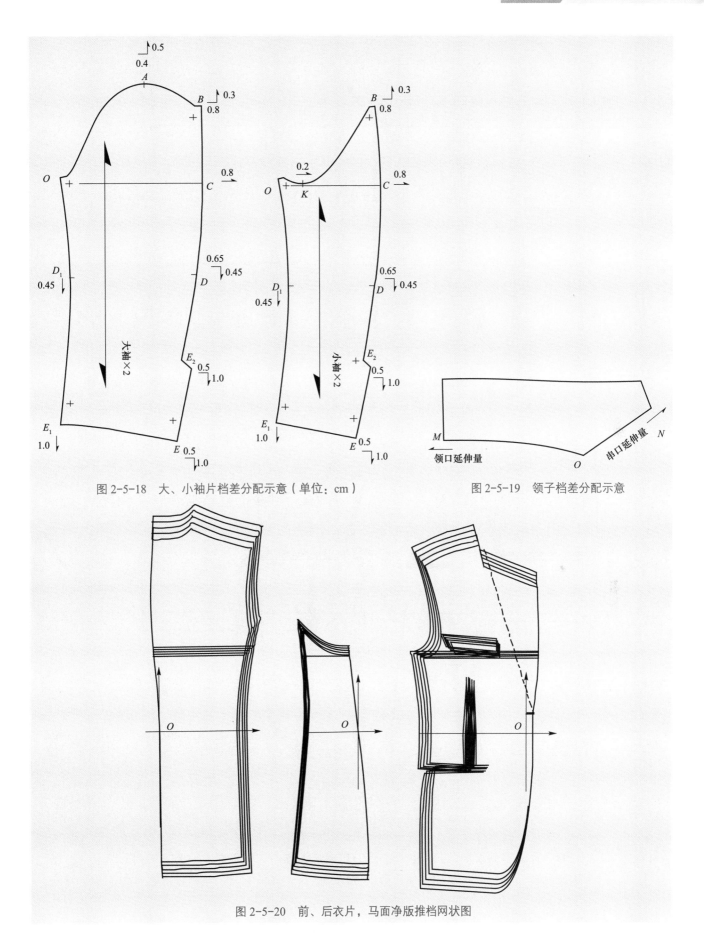

图 2-5-18　大、小袖片档差分配示意（单位：cm）

图 2-5-19　领子档差分配示意

图 2-5-20　前、后衣片，马面净版推档网状图

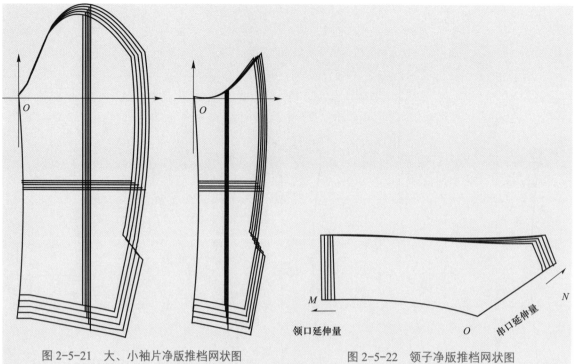

图 2-5-21 大、小袖片净版推档网状图　　图 2-5-22 领子净版推档网状图

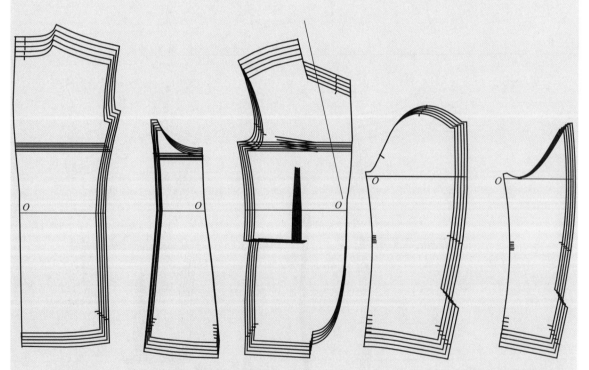

图 2-5-23 前、后衣片，马面毛版推档网状图　　图 2-5-24 大、小袖片毛版推档网状图

西服推档操作方法多种多样，但总体上离不开"橡皮筋原理"，即"长线推长，短线推短"，把规格表中的档差数据合理分配到衣片各个部位上即可。如果遇到女装，情形会稍微特殊一点，涉及坐标系偏转的情形。关于这类西服衣身的推档，可参考相关的二维码资源。

西服衣身怎样推档

任务六：男西服排料

工作任务单

任务名称	工作项目：西服工业制版 子项目：西服生产版制作 任务：男西服排料		
任务布置者		任务承接者	
工作任务： 将前面制作出来的男西服系列化生产版剪出纸样并进行排料设计，绘制出排料图，任务以工作小组（5或6人/组）为单位进行。 提交材料： 以牛皮纸为制版材料，用铅笔绘制西服排料图。技术要求如下： 1. 图线要清晰、流畅，每一个裁片必要的符号标注要完整、清晰； 2. 排料要体现符合工艺要求和节省面料的基本原则； 3. 每一个裁片纱向线上要标注西服的裁片名称、规格代号； 4. 要测量出用料的长度（布匹幅宽规格可由任务布置者给定）			
任务完成时间	一个工作日（折合为6个学时，或由任务布置者给定）		

任务攻略

每层排料的数量是 S 号排 1 件、M 号排 2 件、L 号排 3 件、XL 号排 2 件、XXL 号排 1 件。图 2-5-25 所示为男西服生产任务示意。

面料无倒顺排料示意见图 2-5-26，面料有倒顺排料示意见图 2-5-27。

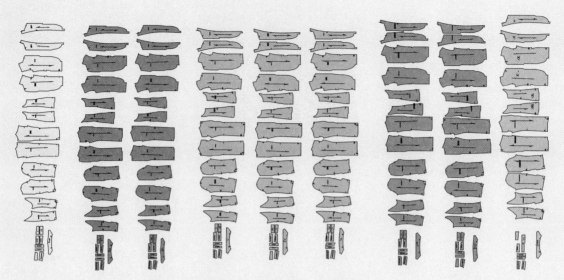

图 2-5-25　男西服生产任务示意

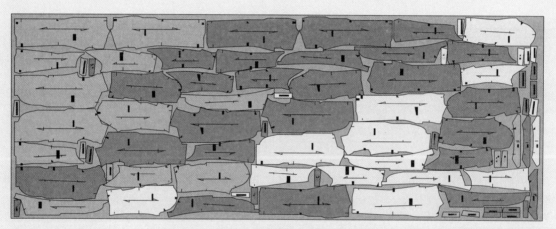

图 2-5-26　面料无倒顺排料示意（幅宽 144 cm）

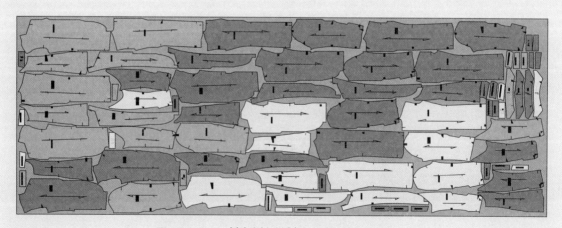

图 2-5-27　面料有倒顺排料示意（幅宽 144 cm）

子项目三　西服 CAD 制版

知识目标　了解如何使用 CAD 进行西服版型设计和工业制版。

能力目标　掌握使用 CAD 进行制版、套版的能力，使用 CAD 给西服加放缝份和标记的能力，使用 CAD 进行推档和排料的能力。

素质目标　提升审美素质，具备精益求精的意识、吃苦耐劳的精神，耐心细致。

西服 CAD 制版任务主要是使用计算机辅助设计（简称 CAD）手段来完成西服的生产版制作，不提倡单纯使用 CAD 进行西服的设计版制作，但是大力提倡使用 CAD 进行西服的套版操作，以便有效提升西服制版的速度。

西服 CAD 制版子项目要培养的核心能力包括：使用 CAD 进行制版、套版的能力，使用 CAD 给西服加放缝份和标记的能力，使用 CAD 给西服配里子的能力，使用 CAD 进行推档和排料的能力。

教师可以根据实际情况调整 CAD 制版的子项目（以四开身八片女西服为例）。

任务一：四开身八片女西服 CAD 版型绘制

工作任务单

任务名称	工作项目：西服工业制版 子项目：西服 CAD 制版 任务：四开身八片女西服 CAD 版型绘制		
任务布置者		任务承接者	
工作任务： 根据企业给定的款式图和参考尺寸，使用 CAD 绘制四开身八片女西服的设计版，任务以单人为单位（也可根据实际情况分组）进行。 提交材料： 以 CAD 为基本工具，绘制四开身八片女西服的版型结构图，先使用绘图仪打印出 1∶1 比例图纸，最后提交修改后的 CAD 文件。技术要求如下： 1. 图线要清晰、流畅，颡道等细节刻画要清楚； 2. 必要的符号标注要完整、清晰、指代明确（缝边的细节不作要求）； 3. 西服裁片的纱向线上要标注款号、裁片数、规格代号等必要信息； 4. 要在制作样衣后试穿，适当修改后定版，定版后提交 CAD 文件，文件名要符合教师规范要求			
任务完成时间	一个工作日（折合为 6 个学时，或由任务布置者给定）		

任务攻略

1. 款式特点

（1）样式：平驳头，前门襟单排 4 粒装饰扣。前身设计公主线分割，形成衣身的八片版型，两个双嵌线口袋，有袋盖。后身有背缝，设计有公主线分割，圆装两片袖。图 2-5-28 为四开身八片女西服款式图。

（2）松量：一般为 10 cm 左右。

2. 版型要点

（1）四开身女西服，前、后片公主线分割设计。

（2）BP 点：距离上平线 $0.29B_0$，距离前中心线 $0.11B_0$（仅供参考）。

（3）此款女西服与前面的女西服在版型数学模型上有较大的变化，即由传统的三开身变化为四开身，在版型数学模型的数据分配上需要注意重新调整。

（4）在颡道的处理上并没有遵循传统女西服的版型设计方法，而是借鉴了女衬衫处理胸高的方法来处理，这样做出来的女西服会更塑身，对于胸部的处理会更加得体。

3. 参考规格（表2-5-4）

表 2-5-4　参考规格　　　　　　单位：cm

身高（h）	前衣长（L）	胸围（B）	肩宽（S）	袖长（S_1）
160	65	92	38.5	57

图 2-5-28　四开身八片女西服款式图

4. 版型制图（图2-5-29）

5. 任务要求

（1）绘制女西服的版型结构线。

（2）做好必要的对位标记以及说明。

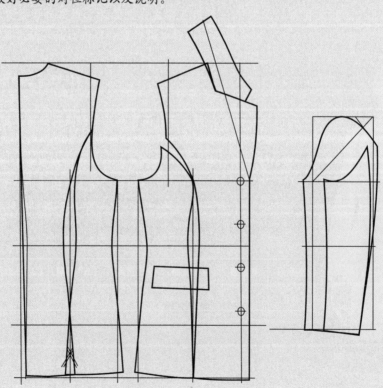

图 2-5-29　四开身八片女西服 CAD 制图

任务二：四开身八片女西服生产版 CAD 制图

工作任务单

任务名称	工作项目：西服工业制版 子项目：西服 CAD 制版 任务：四开身八片女西服生产版 CAD 制图		
任务布置者		任务承接者	
工作任务： 使用 CAD 将前面的四开身八片女西服设计版转化为生产样版。任务以工作小组（5 或 6 人 / 组）为单位进行。 提交材料： 以 CAD 为制版工具，完成四开身八片女西服生产版制图（含净版与毛版），最终提交 CAD 文件。技术要求如下： 1. 图线要清晰、流畅，净份线和毛份线清晰明了； 2. 颡道等细节刻画要清楚，缝边宽度控制要均匀，转角处理要合理； 3. 必要的符号标注要完整、清晰、指代明确，要有清晰的剪口标记； 4. 纱向线上要标注西服的名称、版号、裁片数、规格代号； 5. 要保证必要的尺寸规格（尺寸规格可由任务布置者给定）			
任务完成时间	一个工作日（折合为 6 个学时，或由任务布置者给定）		

任务攻略

将任务一制作得到的四开身八片女西服版型图进一步处理。女西服的净版制作需要注意各个缝合部位的对位细节，毛版制作要注意缝份大小并要控制均匀，而且在必要的位置要留有剪口标记。图 2-5-30 所示为使用 CAD 制作的女西服工业样版（净版）。

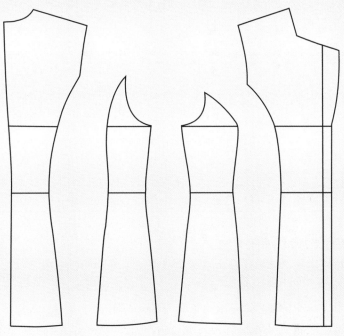

图 2-5-30　使用 CAD 制作的女西服工业样版（净版）

任务三：四开身八片女西服 CAD 推档

工作任务单

任务名称	工作项目：西服工业制版 子项目：西服 CAD 制版 任务：四开身八片女西服 CAD 推档		
任务布置者		任务承接者	
工作任务： 使用 CAD 将前面的四开身八片女西服的生产版转化为系列化生产版，任务以单人为单位或者以工作小组（5 或 6 人 / 组）为单位进行。 提交材料： 以 CAD 为基本工具，绘制四开身八片女西服的推档网状总图，按 1∶1 比例打印输出，并提交 CAD 文件。技术要求如下： 1. 每一档纸样的边缘线条要清晰、流畅； 2. 颡道等细节刻画要清楚，剪口标记要清晰； 3. 必要的符号标注要完整、清晰、指代明确； 4. 每个规格上要标注西服的纱向线、剪口、名称、版号、裁片数、规格代号等必要信息； 5. 要保证必要的推档尺寸规格（尺寸规格可由任务布置者给定）			
任务完成时间	一个工作日（折合为 6 个学时，或由任务布置者给定）		

任务攻略

（一）规格系列设置

规格系列设置见表 2-5-5。

表 2-5-5 规格系列设置

成品规格 /cm 部位	号型	150	155	160	165	170	规格档差 /cm
		76	80	84	88	92	
衣长		64	66	68	70	72	2
胸围		92	96	100	104	108	4
肩宽		37.6	38.8	40	41.2	42.4	1.2
袖长		52	53.5	55	56.5	58	1.5
袖口		26	27	28	29	30	1

注：1. 本规格系列为 5.4 系列；
  2. 按照本规格系列推档，是以 160/84 号型规格作为中间号型绘制标准母版

（二）坐标系的选择和档差的分配

安排学生操作时，可以让学生自由选择坐标系。衣身和袖子一般可以把坐标原点放在袖窿深线处（图 2-5-31、图 2-5-32），也可以把原点放在腰节线处，领子推档可以灵活把握（图 2-5-33）。档差分配情况因坐标系选择的不同而不同。

教师可以安排净版推档（图 2-5-34～图 2-5-36），也可以安排毛版推档（图 2-5-37、图 2-5-38）。

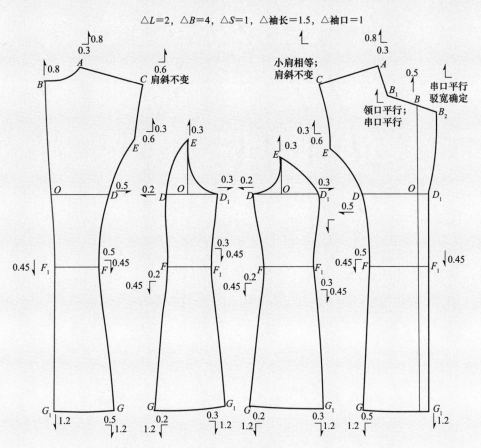

图 2-5-31　前、后衣身档差分配示意（单位：cm）

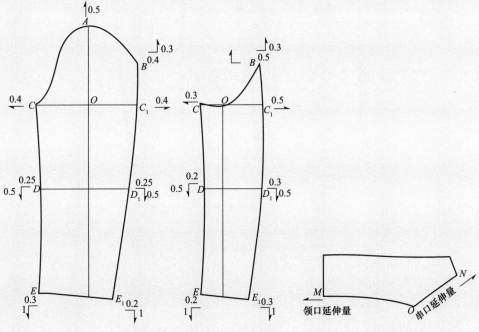

图 2-5-32　大、小袖片档差分配示意（单位：cm）　　图 2-5-33　领子档差分配示意

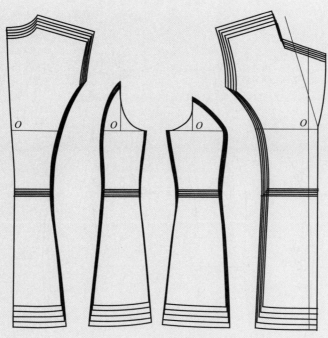

图 2-5-34 衣身净版推档网状图

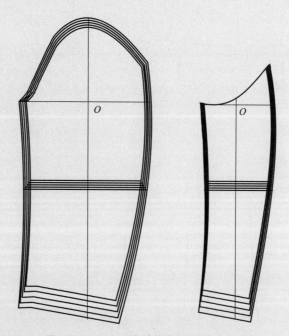

图 2-5-35 大、小袖片净版推档网状图

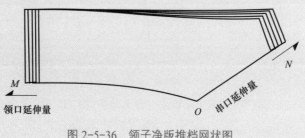

图 2-5-36 领子净版推档网状图

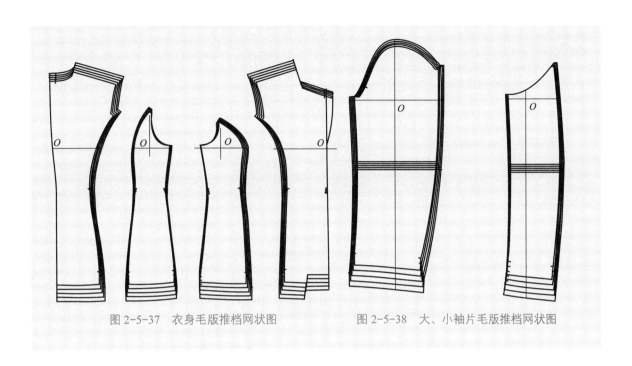

图 2-5-37 衣身毛版推档网状图　　图 2-5-38 大、小袖片毛版推档网状图

任务四：四开身八片女西服 CAD 排料

工作任务单

任务名称	工作项目：西服工业制版 子项目：西服 CAD 制版 任务：四开身八片女西服 CAD 排料		
任务布置者		任务承接者	
工作任务： 　使用 CAD 将指定款式四开身八片女西服系列化生产版进行排料设计，绘制出排料图，任务以单人为单位（也可根据实际情况分组）进行。 提交材料： 　最后的作业结果以 CAD 文件的形式提交。技术要求如下： 1. 文件名要符合规范，制图线条要清晰、流畅，每一个裁片必要的符号标注要完整、清晰； 2. 排料要体现符合工艺要求和节省面料的基本原则； 3. 每一个裁片纱向线上要标注西服的裁片名称、规格代号； 4. 要测量出用料的长度（布匹幅宽规格可由任务布置者给定）			
任务完成时间	一个工作日（折合为 6 个学时，或由任务布置者给定）		

任务攻略

　　使用 CAD 进行西服排料具有速度快的优势。CAD 排料也有不如手工操作的方面，那就是面料的利用率比手工排料略低，但是速度的优势完全可以弥补这方面的不足。教师可以根据需要给学生布置 CAD 排料任务，图 2-5-39 所示就是使用 CAD 进行的四开身八片女西服排料示意（仅供参考）。

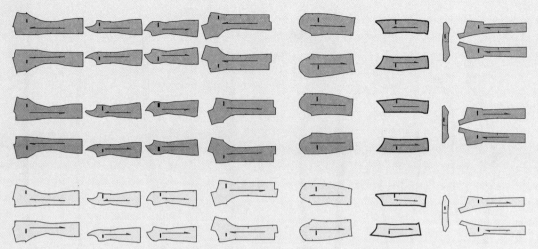

图 2-5-39 使用 CAD 进行的四开身八片女西服排料示意

注：每层排料的数量是 S 号 1 件、M 号 1 件、L 号 1 件。

（1）面料无倒顺排料示意见图 2-5-40。
（2）面料有倒顺排料示意见图 2-5-41。

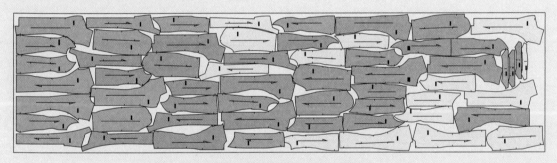

图 2-5-40　面料无倒顺排料示意图（幅宽 144 cm）

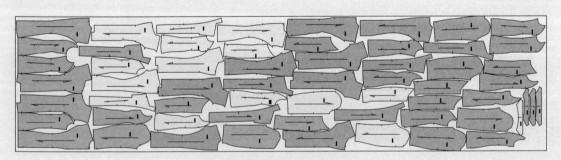

图 2-5-41　面料有倒顺排料示意图（幅宽 144 cm）

子项目四　西服定制制版

知识目标　了解西服版型设计如何操作、西服常见的版型结构变化。

能力目标　掌握数据量体采集能力、特殊体型观察能力、西服版型调整能力。

素质目标　提升沟通能力、审美素质，具备精益求精的意识、坚持不懈的精神，对西服合体与造型有完整的认识。

任务一：小驳头高串口女西服定制制版

工作任务单

任务名称	工作项目：西服工业制版 子项目：西服定制制版 任务：小驳头高串口女西服定制制版		
任务布置者		任务承接者	
工作任务： 根据企业给定的款式图和目标人体（顾客）进行小驳头高串口女西服的定制制版，任务以工作小组（5或6人/组）为单位进行。 提交材料： 以牛皮纸等为制版材料，用HB制图铅笔绘制版型结构图。技术要求如下： 1. 图线要清晰、流畅，颡道等细节刻画要清楚； 2. 必要的符号标注要完整、清晰、指代明确； 3. 西服的纱向线上要标注款号、裁片数、规格代号等必要信息； 4. 要在制作白坯样衣后试穿（若条件允许，可以制作实料样衣），在适当修改后定版，并确定最终的尺寸规格数据			
任务完成时间		一个工作日（折合为6个学时，或由任务布置者给定）	

任务攻略

1. 款式特点

样式：小驳头，高串口，胸前有横向分割，四开身结构。图2-5-42所示为小驳头女西服款式图。

2. 参考规格（表2-5-6）

表2-5-6　参考规格　　　　　　　　　单位：cm

身高（h）	前衣长（L）	胸围（B）	领围	肩宽（S）	袖长（S_1）	袖口
160	66	88	40	40	58	26

图2-5-42　小驳头女西服款式图

3. 制版要求

（1）按照款式图绘制1:1比例纸样并做出缝边（毛份）。款式不详的部位（如背面）自行设计。

（2）面料裁片（前片、后片、袖片、领片）俱全。

（3）准确标出扣位（3粒扣）。

（4）没有给定的部位尺寸自定。

（5）图面清晰，版型线与辅助线、基础线有明显区分。

教师可根据需要在单元教学完成后安排制版任务对学生进行考核，考核评分标准可由教师自行制定。

任务二：平驳头三粒扣女西服定制制版

工作任务单

任务名称	工作项目：西服工业制版 子项目：西服定制制版 任务：平驳头三粒扣女西服定制制版		
任务布置者		任务承接者	
工作任务： 根据企业给定的款式图和目标人体（顾客）进行平驳头三粒扣女西服定制制版，任务以工作小组（5或6人/组）为单位进行。 提交材料： 以牛皮纸等为制版材料，用HB制图铅笔绘制版型结构图。技术要求如下： 1. 图线要清晰、流畅，额道等细节刻画要清楚； 2. 必要的符号标注要完整、清晰、指代明确； 3. 时装衣片的纱向线上要标注款号、裁片数、规格代号等必要信息； 4. 要在制作白坯样衣后试穿（若条件允许，可以制作实料样衣），在适当修改后定版，并确定最终的尺寸规格数据			
任务完成时间	一个工作日（折合为6个学时，或由任务布置者给定）		

任务攻略

1. 款式特点

样式：平驳头，前门襟圆摆，单排三粒扣，前身有两个贴袋。肩部有过肩式分割线造型。前、后身开公主线，袖口有开衩，3粒装饰扣（图2-5-43）。

2. 参考规格（表2-5-7）

表2-5-7 参考规格　　　　单位：cm

身高（h）	半号	前衣长（L）	胸围（B）	肩围	领座宽	翻领宽
160	80	66	98	80	3	4

3. 制版要求

（1）按照款式图绘制1∶1比例纸样（带毛份）。款式不详的部位（如背面）自行设计。

（2）面料裁片（前身、后身、大袖片、小袖片、领片、贴边）俱全。

（3）没有给定的部位尺寸自定。

（4）图面清晰，版型线与辅助线、基础线有明显区分。

图2-5-43 平驳头三粒扣女西服款式图

(5) 剪口、纱向等必要的标记齐全。
(6) 操作结果无须用剪刀剪下，绘图纸张要保存完好。

教师可根据需要安排制版任务对学生进行考核，考核时间可机动安排，考核评分标准可由教师联合企业制定。

任务三：平驳头三粒扣男西服定制制版（可选）

工作任务单

任务名称	工作项目：西服工业制版项目 子项目：西服定制制版 任务：平驳头三粒扣男西服定制制版		
任务布置者		任务承接者	
工作任务： 根据企业给定的款式图和目标人体（顾客）进行平驳头三粒扣男西服的定制制版，任务以工作小组（5或6人/组）为单位进行。 提交材料： 以牛皮纸等为制版材料，用HB制图铅笔绘制版型结构图。技术要求如下： 1. 图线要清晰、流畅，颡道等细节刻画要清楚； 2. 必要的符号标注要完整、清晰、指代明确； 3. 西服的纱向线上要标注款号、裁片数、规格代号等必要信息； 4. 要在制作白坯样衣后试穿（若条件允许，可以制作实料样衣），在适当修改后定版，并确定最终的尺寸规格数据			
任务完成时间	一个工作日（折合为6个学时，或由任务布置者给定）		

任务攻略

1. 款式特点

样式：平驳头，前门襟圆摆，单排三粒扣，左前身有胸袋，左、右衣身下方各有一个有盖大袋。圆装袖，袖口有开衩，三粒装饰扣（图2-5-44）。

2. 参考规格（表2-5-8）

表2-5-8 参考规格 单位：cm

身高（h）	半身高	前衣长（L）	胸围（B）	肩宽	领座宽	翻领宽
176	88	80	120	50	3	4

图2-5-44 平驳头三粒扣男西服款式图

3. 制版要求

（1）按照款式图绘制1:1比例纸样（带缝边即毛份）。款式不详的部位自行设计。

（2）面料裁片（前身、后身、大袖片、小袖片、领片、贴边）俱全。

(3)没有给定的部位尺寸自定。
(4)图面清晰,版型线与辅助线、基础线有明显区分。
(5)剪口、纱向等必要的标记齐全。
(6)操作结果无须用剪刀剪下,绘图纸张保存完好。
(7)使用白坯布或真实面料制作样衣,通过试穿修改再定版。

教师可根据需要安排制版任务对学生进行考核,考核时间可机动安排,考核评分标准可由教师联合企业制定。

重要提示:西服工业制版的知识链接内容浏览本书第三部分"项目五　西服工业制版"二维码资源。

项目六 大衣工业制版

大衣的种类很多,并且风格有所不同,大衣工业制版项目可以划分为大衣设计版制作、大衣生产版制作、大衣 CAD 制版和大衣定制制版 4 个子项目。教师根据实际需要,可以从中选择合适的子项目来安排教学。

子项目一 大衣设计版制作

知识目标 了解大衣版型设计如何操作、大衣常见的版型结构变化。

能力目标 掌握大衣颡道设置与转移能力、分割线设计与调整能力。

素质目标 提升审美素质,具备精益求精的意识、坚持不懈的精神、团队协作理念。

大衣的整体外观设计,可以直接通过改变臀围、中裆和脚口规格的大小来实现。大衣版型变化的方法是在大衣的基础形上进行变款版型的处理。其具体的操作除了可以采用常规衣片进行剪切、展开、移位、合并等版型处理外,也可以利用常规大衣的数学模型直接进行变化。本书建议采用后一种方法来处理。

任务一：双排扣戗驳头女大衣设计

工作任务单

任务名称	工作项目：大衣工业制版 子项目：大衣设计版制作 任务：双排扣戗驳头女大衣设计		
任务布置者		任务承接者	
工作任务： 根据企业给定的款式图和参考尺寸，绘制双排扣戗驳头女大衣的设计版，任务以工作小组（5 或 6 人 / 组）为单位进行。 提交材料： 以牛皮纸为制版材料，用 HB 制图铅笔绘制版型结构图。技术要求如下： 1. 图线要清晰、流畅； 2. 颜道、口袋以及分割线等细节刻画要清楚； 3. 必要的符号标注要完整、清晰、指代明确； 4. 大衣裁片的纱向线上要标注款号、裁片数、规格代号等必要信息； 5. 要在制作样衣后试穿，适当修改后定版			
任务完成时间	一个工作日（折合为 6 个学时，或由任务布置者给定）		

任务攻略

1. 款式特点

（1）样式：三开身戗驳头女式大衣。双排扣，六粒装饰扣。前身两个双嵌线大袋，带袋盖。圆装两片袖。图 2-6-1 为双排扣戗驳头女大衣款式图。

（2）胸围松量：25~30 cm。

2. 版型要点

此款大衣是在已有大衣的数学模型的基础上进行稍微改动而形成的，版型要点如下：

（1）三开身版型，制图时须注意每一片的比例分配。

（2）注意双排扣门襟的把握、戗驳头领型的处理。

（3）制图的顺序是从后片向前片进行的，而且要把握其中有些部分图线是包括缝边的。

3. 参考规格（表 2-6-1）

表 2-6-1　参考规格　　　　　　单位：cm

身高（h）	后衣长（L）	前衣长	胸围（B）	净胸围（B_0）	袖长（S_1）	肩宽（S）	翻领宽	领座宽
160	102	105	100	85	57	41	7	3.5

4. 版型制图

版型制图见图 2-6-2、图 2-6-3，图中有短线标记的部分代表含有缝份的边线。

图 2-6-1　双排扣戗驳头女大衣款式图

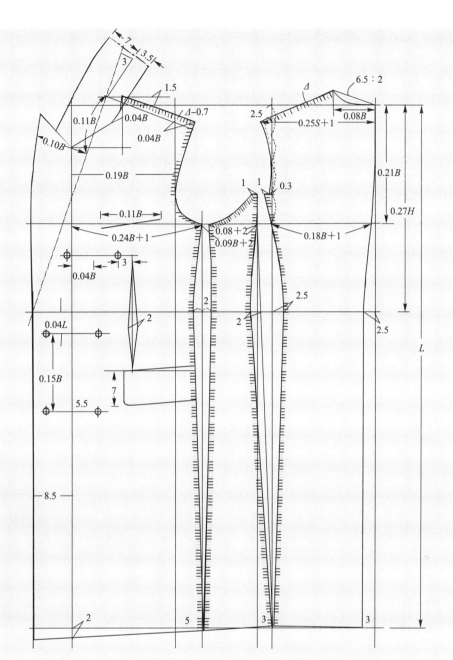

图 2-6-2 双排扣戗驳头女大衣衣身和领子制图(单位:cm)

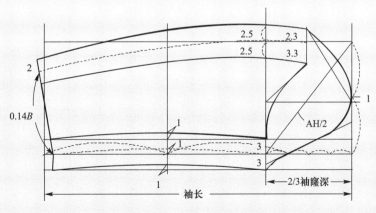

图 2-6-3 双排扣戗驳头女大衣袖子版型制图(单位:cm)

任务二：双排扣带育克女大衣版型设计

工作任务单

任务名称	工作项目：大衣工业制版 子项目：大衣设计版制作 任务：双排扣带育克女大衣版型设计		
任务布置者		任务承接者	
工作任务： 根据企业给定的款式图和参考尺寸，绘制双排扣带育克女大衣的设计版，任务以工作小组（5或6人/组）为单位进行。 提交材料： 以牛皮纸为制版材料，用HB制图铅笔绘制版型结构图。技术要求如下： 1. 图线要清晰、流畅； 2. 颡道、口袋以及分割线等细节刻画要清楚； 3. 必要的符号标注要完整、清晰、指代明确； 4. 大衣裁片的纱向线上要标注款号、裁片数、规格代号等必要信息； 5. 要在制作样衣后试穿，适当修改后定版			
任务完成时间	一个工作日（折合为6个学时，或由任务布置者给定）		

任务攻略

1. 款式特点

（1）样式：翻驳领领型，双排扣，前门襟有6粒装饰扣。两片圆装袖，绱袖。前身左、右两片各有一个贴袋。前后肩有育克，背中线接缝，开背衩。在驳领、育克、贴兜、止口、后开衩处均缉明线。图2-6-4为双排扣带育克女大衣款式图。

（2）胸围松量：25~30 cm。

2. 版型要点

此款大衣的版型相对来说比较简单，在基础数学模型的基础上变化不大，只是各个衣片之间的比例分配略微有些调整。前、后片均有育克分割线，贴袋主要起装饰作用，处理时要考虑美观因素。

3. 参考规格（表2-6-2）

表2-6-2　参考规格　　　　　　　　　　单位：cm

身高(h)	半号	前衣长(L)	胸围(B)	净胸围(B_0)	袖长(S_1)	肩宽(S)	翻领宽	领座宽
160	80	98	102	85	58	42	6	3

图2-6-4　双排扣带育克女大衣款式图

4. 版型制图（图2-6-5、图2-6-6）

女大衣自然以宽松款为主，但是也不乏瘦身款，教师可以酌情安排瘦身款女大衣版型设计任务。瘦身款女大衣可以利用颡道转移的原理进行设计。此类设计可以参考相关的二维码资源。

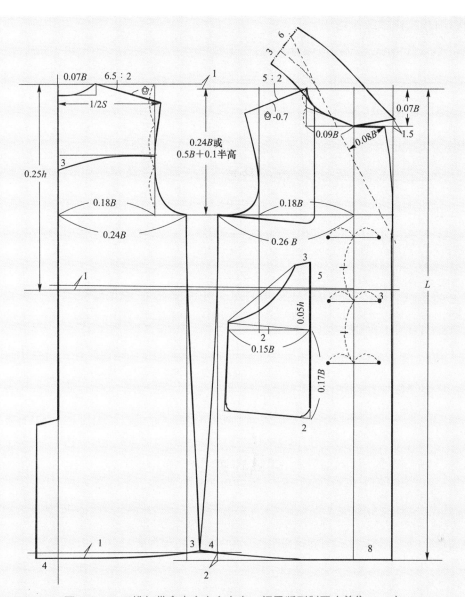

图 2-6-5 双排扣带育克女大衣衣身、领子版型制图（单位：cm）

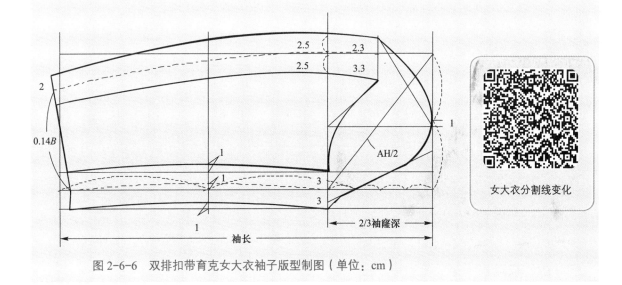

图 2-6-6 双排扣带育克女大衣袖子版型制图（单位：cm）

任务三：插肩袖男大衣版型设计

工作任务单

任务名称	工作项目：大衣工业制版 子项目：大衣设计版制作 任务：插肩袖男大衣版型设计		
任务布置者		任务承接者	
工作任务： 根据企业给定的款式图和参考尺寸，绘制插肩袖男大衣的设计版，任务以工作小组（5 或 6 人/组）为单位进行。 提交材料： 以牛皮纸为制版材料，用 HB 制图铅笔绘制版型结构图。技术要求如下： 1. 图线要清晰、流畅； 2. 颡道、口袋以及分割线等细节刻画要清楚； 3. 必要的符号标注要完整、清晰、指代明确； 4. 大衣裁片的纱向线上要标注款号、裁片数、规格代号等必要信息； 5. 要在制作样衣后试穿，适当修改后定版			
任务完成时间	一个工作日（折合为 6 个学时，或由任务布置者给定）		

任务攻略

1. 款式特点

（1）样式：插肩袖男大衣，翻驳领领型，双排扣，斜插兜，后背开衩。驳领、止口、插兜片、肩缝均缉明线。图 2-6-7 为插肩袖男大衣款式图。

（2）胸围松量：大约 30 cm。

2. 版型要点

（1）前、后片袖子的袖山高相等，袖肥后片比前片大 2 cm 左右。

（2）衣身无明显的颡道。

3. 参考规格（表 2-6-3）

表 2-6-3　参考规格　　　　　单位：cm

身高（h）	前衣长（L）	胸围（B）	袖长（S_1）	翻领宽	领座宽
170	95	114	64	7	3.5

4. 版型制图（图 2-6-8）

图 2-6-7　插肩袖男大衣款式图

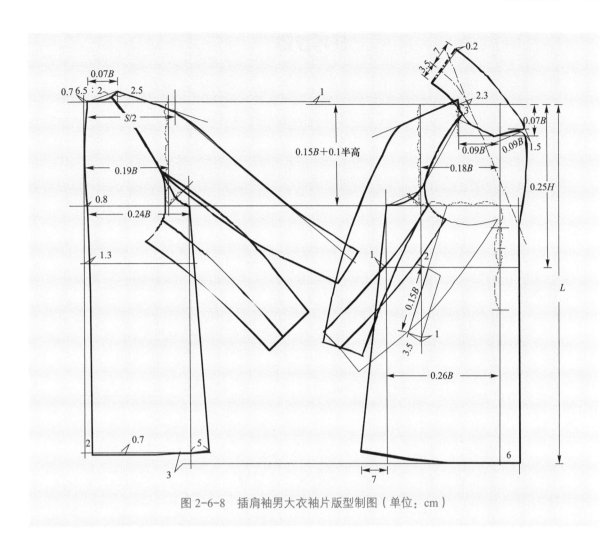

图 2-6-8 插肩袖男大衣袖片版型制图（单位：cm）

任务四：双排扣男大衣版型设计

工作任务单

任务名称	工作项目：大衣工业制版 子项目：大衣设计版制作 任务：双排扣男大衣版型设计		
任务布置者		任务承接者	
工作任务： 根据企业给定的款式图和参考尺寸，绘制双排扣男大衣的设计版，任务以工作小组（5 或 6 人/组）为单位进行。 提交材料： 以牛皮纸为制版材料，用 HB 制图铅笔绘制版型结构图。技术要求如下： 1. 图线要清晰、流畅； 2. 颏道、口袋以及分割线等细节刻画要清楚； 3. 必要的符号标注要完整、清晰、指代明确； 4. 大衣裁片的纱向线上要标注款号、裁片数、规格代号等必要信息； 5. 要在制作样衣后试穿，适当修改后定版			
任务完成时间	一个工作日（折合为 6 个学时，或由任务布置者给定）		

任务攻略

1. 款式特点

(1) 样式：驳领领型，双排扣6粒扣，两个双嵌线大袋，带袋盖。圆装两片袖，袖口钉3粒装饰扣。后背有背缝，设计有后开衩。图2-6-9为双排扣男大衣款式图。

(2) 胸围松量：30 cm左右。

2. 版型要点

(1) 肩斜角度抬高（一般大衣内所穿内衣较厚）。

(2) 有胁缝颡，后背开衩。

3. 参考规格（表2-6-4）

表2-6-4 参考规格 单位：cm

身高(h)	半号	前衣长(L)	胸围(B)	袖长(S_1)	肩宽(S)	翻领宽	领座宽
170	85	108	114	63	46	7	3.6

4. 版型制图（图2-6-10、图2-6-11）

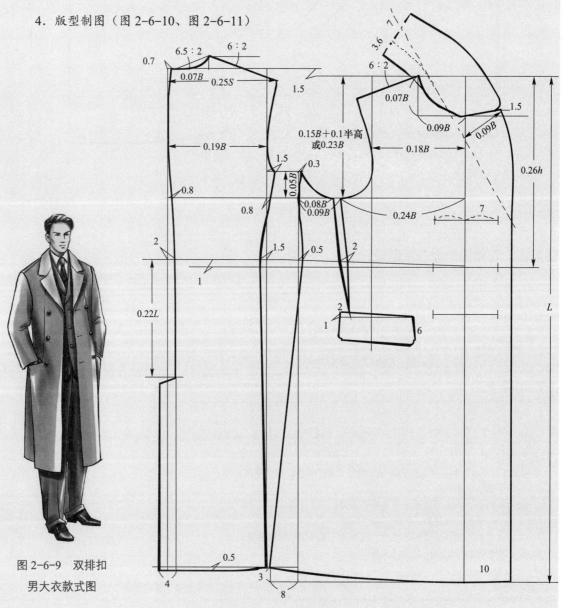

图2-6-9 双排扣男大衣款式图

图2-6-10 双排扣男大衣衣身版型图（单位：cm）

大衣的版型设计重点在于衣身。大衣的衣身结构一般有三开身和四开身两种，其中四开身最为普遍。这类大衣衣身结构设计的过程可以参考相关的二维码资源。

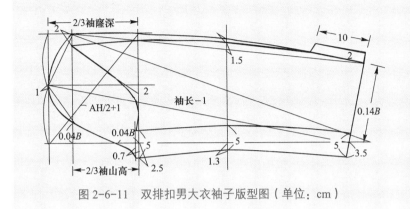

图 2-6-11 双排扣男大衣袖子版型图（单位：cm）

大衣衣身怎样设计

子项目二　大衣生产版制作

知识目标　了解大衣版型设计如何操作、大衣常见的版型结构变化。

能力目标　掌握大衣缝份加放能力、规格设计能力、推档能力。

素质目标　提升审美素质，具备精益求精的意识、坚持不懈的精神，细节刻画态度认真。

任务一：插肩袖男大衣净版制作

工作任务单

任务名称	工作项目：大衣工业制版 子项目：大衣生产版制作 任务：插肩袖男大衣净版制作		
任务布置者		任务承接者	
工作任务： 将前面的插肩袖男大衣设计版制作成生产版净版，任务以工作小组（5或6人/组）为单位进行。 提交材料： 以牛皮纸为制版材料制作插肩袖男大衣净版图。技术要求如下： 1. 图线要清晰、流畅，图面要整洁； 2. 颡道和结构线等细节刻画要清楚； 3. 必要的符号标注要完整、清晰、指代明确； 4. 纱向线上要标注大衣的名称、版号、裁片数、规格代号； 5. 要保证必要的尺寸规格（尺寸规格可由任务布置者给定）。			
任务完成时间	一个工作日（折合为6个学时，或由任务布置者给定）		

任务攻略

本任务涉及的大衣净版可从前面子项目中的任意一款大衣版型中复制得到。大衣净版上要标注必要的纱向和缝制对位标记。图2-6-12所示为插肩袖男大衣净版示意。

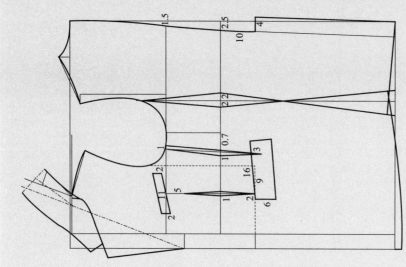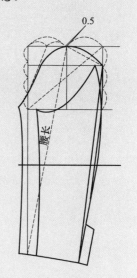

图2-6-12 插肩袖男大衣净版示意（单位：cm）

任务二：插肩袖男大衣毛版制作

工作任务单

任务名称	工作项目：大衣工业制版 子项目：大衣生产版制作 任务：插肩袖男大衣毛版制作		
任务布置者		任务承接者	
工作任务： 将前面的插肩袖男大衣生产用净版制作成生产用毛版，任务以工作小组（5或6人/组）为单位进行。 提交材料： 以牛皮纸为制版材料制作插肩袖男大衣毛版图。技术要求如下： 1. 图线要清晰、流畅，图面要整洁； 2. 零部件和结构线等细节刻画要清楚，剪口标记完整清晰； 3. 必要的符号标注要完整、清晰、指代明确； 4. 纱向线上要标注大衣的名称、版号、裁片数、规格代号； 5. 要保证必要的尺寸规格			
任务完成时间	一个工作日（折合为6个学时，或由任务布置者给定）		

任务攻略

插肩袖男大衣的毛版是在插肩袖男大衣净版的基础上加放缝边以及折边的量得到的，属于裁剪样版这一大类。一般没有特殊说明的部位，缝边均按1 cm来设置。毛版需要做好纱向标记,纱向标记一般画得很长,以便于排料操作。此外,还要打好关键部位的剪口。由于这部分内容属于生产环节,因此本书讲解从略。图2-6-13所示为插肩袖男大衣毛版示意。

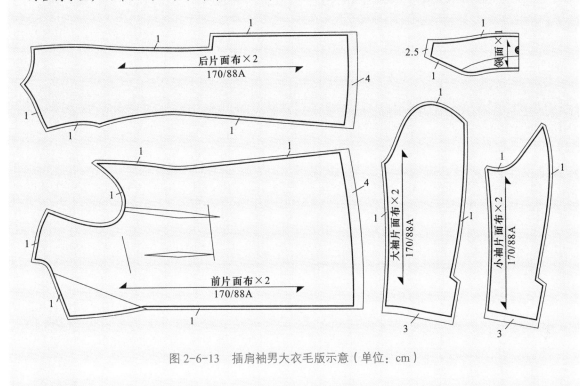

图 2-6-13　插肩袖男大衣毛版示意（单位：cm）

任务三：插肩袖男大衣推档

工作任务单

任务名称	工作项目：大衣工业制版 子项目：大衣生产版制作 任务：插肩袖男大衣推档		
任务布置者		任务承接者	
工作任务： 　　将前面的插肩袖男大衣生产版（含净版和毛版）转化为系列化生产版,任务以工作小组（5或6人/组）为单位进行（也可酌情追加衬料和里料的推档）。 提交材料： 　　以牛皮纸为制版材料,用0.5mm自动铅笔绘制男大衣的推档网状总图。技术要求如下： 　　1. 单档图线和系列图线要清晰、流畅； 　　2. 分割线等细节刻画要清楚,剪口标记要清晰； 　　3. 必要的符号标注要完整、清晰、指代明确； 　　4. 每个规格上要标注大衣的纱向线、剪口、名称、版号、裁片数、规格代号等必要信息； 　　5. 要保证必要的推档尺寸规格			
任务完成时间	一个工作日（折合为6个学时,或由任务布置者给定）		

任务攻略

（一）规格系列设置

规格系列设置见表2-6-5。

表2-6-5 规格系列设置

成品规格/cm 部位	号型	150 80	155 84	170 88	165 92	170 96	规格档差/cm
衣长		110	110	110	110	110	0
胸围		108	112	116	120	124	4
肩宽		45.6	46.8	48	49.2	50.4	1.2
袖长		60	61.5	63	64.5	66	1.5
袖口		33	34	35	36	37	1

注：1. 本规格系列为5.4系列；
2. 按照本规格系列推档，是以170/88号型规格作为中间号型绘制标准母版

（二）基本设定（仅供参考）

1. 确定坐标轴

（1）大衣前片选用腰围线为横坐标轴（X轴），前中心线为纵坐标轴（Y轴）。

（2）大衣后片选用腰围线为横坐标轴（X轴），后背缝线为纵坐标轴（Y轴）。

（3）大衣大袖、小袖选用袖山深线为横坐标轴（X轴），袖中线为纵坐标轴（Y轴）。

2. 确定坐标原点

（1）大衣前片选用腰围线与前中心线的交点为坐标原点。

（2）大衣后片选用腰围线与后背缝线的交点为坐标原点。

（3）大衣大袖、小袖选用袖山深线与袖中线的交点为坐标原点。

3. 确定档差（单位：cm）

Δ 前衣长（L）=0，Δ 胸围（B）=4，Δ 肩宽（S）=1.2，Δ 袖长（S_1）=1.5，Δ 袖口=1，Δh=5。

（三）档差计算与推档（仅供参考，图2-6-14～图2-6-18，单位：cm）

1. 前片档差计算

（1）Δ 袖窿深=0.15，ΔB=0.6。

（2）肩颈点A：横差=0.08ΔB=0.3，纵差=0。

（3）前领口点B、B_1：

B：横差=0，纵差=Δ 领深=0.08ΔB=0.3，纵差也可以取0；

B_1：按照领口、串口各线条平行以及驳头宽度不变的原则确定点B_1。

（4）肩端点C：按照肩线平行和前、后小肩长延伸量相等的原则确定肩端点C。

（5）胸围线点D、肋缝颡颡根D_1、肋缝颡颡尖D_2：

D：横差=0.22ΔB+0.09=0.31ΔB=1.2，纵差=Δ 袖窿深=0.6；

D_1：横差=0.22ΔB=0.9，纵差=Δ 袖窿深=0.6；

D_2：横差=0.9，纵差=Δ 袖窿深=0.6。

（6）前胸宽点E：横差=$\Delta S/2$=0.6，纵差=Δ 袖窿深-Δ 袖窿深/3=0.4。

（7）腰围线点 F、F_1：

F：横差 =1.2，纵差 =0；

F_1：横差 =0，纵差 =0。

（8）底边 GG_1：

G：纵差 =0，并根据大衣侧缝平行的原则确定点 G。

G_1：横差 =0，纵差 =0。

（9）驳口线基点 O_1：

O_1：纵差 =0，横差 =0。

（10）袖窿翘点 K：横差 =1.2，纵差 = Δ 袖窿深 $-0.05\Delta B$=0.6-0.2=0.4。

2. 后片档差计算

（1）肩颈点 A：横差 =$0.08\Delta B$=0.3，纵差 =0。

（2）后领深点 B：横差 =0，纵差 =0。

（3）肩端点 C：横差 =$0.5\Delta S$ = 0.6，并按照肩线平行的原则确定肩端点 C。

（4）胸围线点 D、D_1：

D：横差 =$0.19\Delta B$=0.8，纵差 = Δ 袖窿深 =0.6；

D_1：横差 =0，纵差 = Δ 袖窿深 =0.6。

（5）袖窿翘点 K：横差 =0.8，纵差 =0.4。

（6）后背宽点 E：横差 = $\Delta S/2$=0.6，纵差 = Δ 袖窿深 - Δ 袖窿深 /2=0.3。

（7）腰围线点 F：

F：横差 =0.8，纵差 =0。

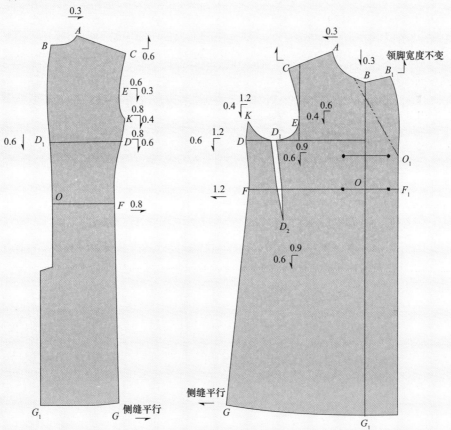

图 2-6-14　前、后衣身档差分配示意（单位：cm）

（8）底边 GG_1：

G：纵差 =0，并根据大衣侧缝平行的原则确定点 G；

G_1：横差 =0，纵差 =0。

3. 袖片档差计算

方法同女大衣袖子。

4. 领子档差计算

领子推档以前、后分界点 O 为基准进行。后领中心线处延长量等于后衣身领口 AB 弧线延长量；外领处延长量等于前衣身领口及串口线延长量。

大衣推档的关键是衣身的推档。大衣衣身推档在很多情形下受到尺寸规格表限制，衣身尺寸规格表经常会遇到只推档围度不推档长度的情况，这主要是因为大衣一般放松量较大，生产企业更加重视大衣产品对人群的覆盖率。在这种情况下，推档操作过程具有特殊性，可以参考相关的二维码资源。

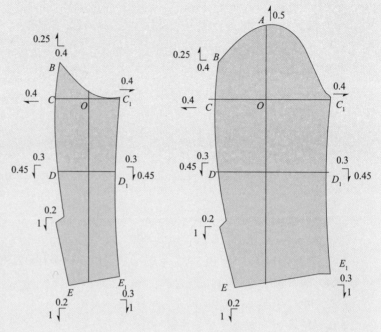

图 2-6-15 大、小袖片档差分配示意（单位：cm）

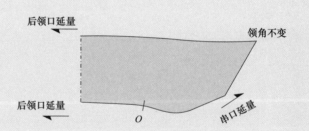

图 2-6-16 领子档差分配示意

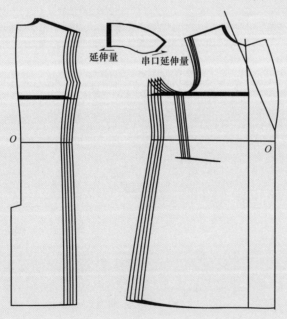

图 2-6-17 衣身、领子净版推档网状示意（袖子略）

大衣衣身怎样推档

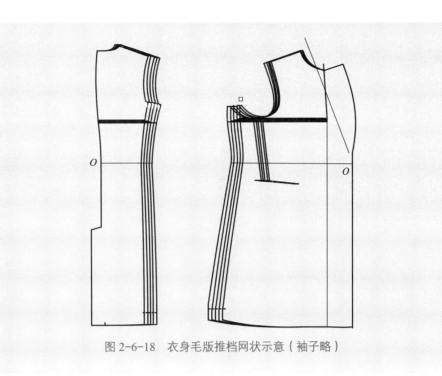

图 2-6-18 衣身毛版推档网状示意（袖子略）

任务四：插肩袖男大衣排料

工作任务单

任务名称	工作项目：大衣工业制版 子项目：大衣生产版制作 任务：插肩袖男大衣排料		
任务布置者		任务承接者	
工作任务： 将前面制作出来的男大衣系列化生产版剪出纸样，并进行排料设计，绘制出排料图。任务以工作小组（5或6人/组）为单位进行。 提交材料： 以牛皮纸为制版材料，用铅笔绘制大衣排料图。技术要求如下： 1. 图线要清晰、流畅，每一个裁片必要的符号标注要完整、清晰； 2. 排料要体现符合工艺要求和节省面料的基本原则； 3. 每一个裁片纱向线上要标注大衣的裁片名称、规格代号； 4. 要测量出用料的长度（布匹幅宽规格可由任务布置者给定）			
任务完成时间	一个工作日（折合为6个学时，或由任务布置者给定）		

任务攻略

由于大衣的裁片形状往往比较复杂，因此，排料时往往需要根据实际情况进行，总的原则是在纱向对正的同时尽可能省用料。目前的服装企业中普遍使用的排料方法是CAD辅助排料法，很多CAD版本都设计了自动排料模块，极大地提高了操作速度，但真正节省用料的方法依旧是手工在案板上进行排料操作。企业可以根据自己的需要进行选择。

男大衣的生产任务并不固定，一般可能有多个规格在同一层进行排列。如果每层排料的数量是S号1件、M号1件、L号1件，那么可以运用手工或者计算机来进行标准化排料（图2-6-19）。排料分有、无倒顺区分以及幅宽不同等情况。这里仅列举了面料有、无倒顺两种情况。从排料图中可以看出，有倒顺区分的排料比无倒顺区分的情况用料要多一些（图2-6-20、图2-6-21）。本任务可以根据具体情况布置，学生可以分组进行。

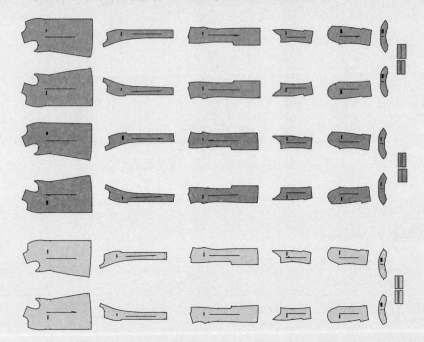

图 2-6-19　大衣生产任务示意（大、中、小3个规格）

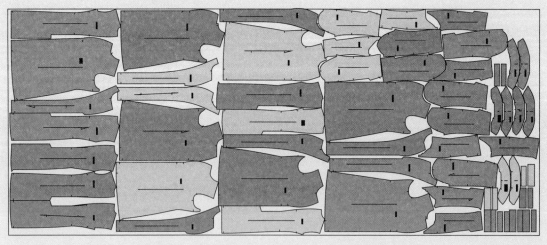

图 2-6-20　面料无倒顺区分的排料示意（幅宽144 cm）

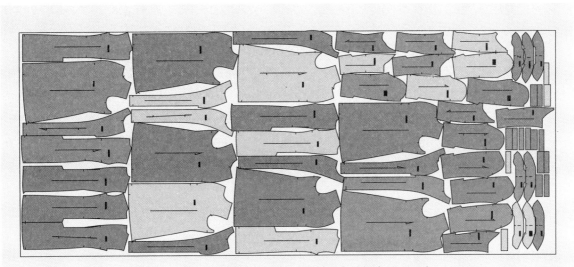

图 2-6-21　面料有倒顺区分的排料示意（幅宽 144 cm）

子项目三　大衣 CAD 制版

知识目标　了解如何使用 CAD 进行大衣版型设计。

能力目标　掌握使用 CAD 进行制版、套版的能力，使用 CAD 给大衣加放缝份和标记的能力，使用 CAD 进行推档和排料的能力。

素质目标　提升审美素质，具备精益求精的意识、吃苦耐劳的精神，耐心细致。

大衣 CAD 制版任务主要是使用计算机辅助设计（简称 CAD）手段，来完成大衣的生产版制作。本书不提倡单纯使用 CAD 软件进行大衣的设计版制作，但是积极提倡使用 CAD 进行大衣的套版操作，以有效提升大衣制版的速度。

大衣 CAD 制版要培养的核心能力包括：使用 CAD 进行制版、套版的能力，使用 CAD 给大衣加放缝份和标记的能力，使用 CAD 给大衣配里子的能力，使用 CAD 进行推档和排料的能力。

教师可以根据实际情况调整 CAD 制版的子项目（以刀背缝女大衣为例）。

任务一：女中长大衣 CAD 制图

工作任务单

任务名称	工作项目：大衣工业制版 子项目：大衣 CAD 制版 任务：女中长大衣 CAD 制图		
任务布置者		任务承接者	
工作任务： 根据企业给定的款式图和参考尺寸，使用 CAD 绘制女中长大衣的设计版，任务以单人为单位（也可根据实际情况分组）进行。 提交材料： 以 CAD 为基本工具，绘制女中长大衣的版型结构图，先使用绘图仪打印出 1∶1 比例图纸，最后提交修改后的 CAD 文件。技术要求如下： 1. 图线要清晰、流畅，颡道等细节刻画要清楚； 2. 必要的符号标注要完整、清晰、指代明确（缝边的细节不作要求）； 3. 大衣裁片的纱向线上要标注款号、裁片数、规格代号等必要信息； 4. 要在制作样衣后试穿，适当修改后定版，定版后提交 CAD 文件，文件名要符合规范要求			
任务完成时间	一个工作日（折合为 6 个学时，或由任务布置者给定）		

任务攻略

1. 款式特点

（1）样式：领型为翻驳领，前门襟钉 3 粒扣。前、后衣片均以公主线分割，前衣片左、右各有一个双嵌线挖袋，带袋盖。大衣下摆摆出。圆装两片袖，绱袖。图 2-6-22 所示为女中长大衣款式图。

（2）胸围松量：25~30 cm。

2. 版型要点

（1）单排扣，公主线分割。

（2）腰节处颡量较大，翻领较宽。

3. 参考规格（表 2-6-6）

表 2-6-6　参考规格　　　　　　单位：cm

身高 (h)	半号	前衣长 (L)	胸围 (B)	净胸围 (B_0)	袖长 (S_1)	肩宽 (S)	翻领宽	领座宽
160	80	100	100	85	57	41	6	3

4. 版型制图（图 2-6-23、图 2-6-24）

5. 任务要求

（1）绘制中长女大衣的版型结构线。

（2）做好必要的对位标记以及说明。

图 2-6-22　女中长大衣款式图

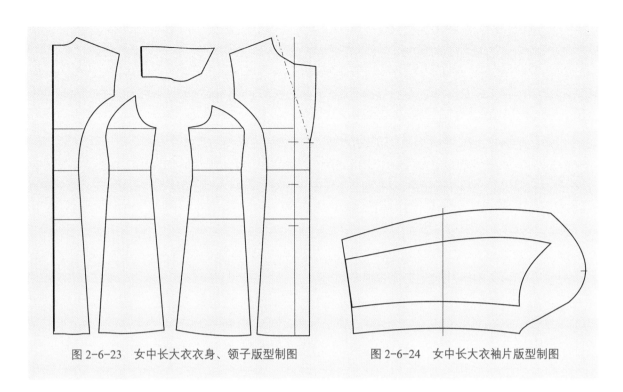

图 2-6-23　女中长大衣衣身、领子版型制图　　　图 2-6-24　女中长大衣袖片版型制图

任务二：女中长大衣生产版 CAD 制图

工作任务单

任务名称	工作项目：大衣工业制版 子项目：大衣 CAD 制版 任务：女中长大衣生产版 CAD 制图		
任务布置者		任务承接者	
工作任务： 使用 CAD 将前面的女中长大衣设计版转化为生产版，任务以工作小组（5 或 6 人 / 组）为单位进行。 提交材料： 以 CAD 为制版工具，完成女中长大衣生产版制图（含净版与毛版），最终提交 CAD 文件。技术要求如下： 1. 图线要清晰、流畅，净份线和毛份线要清晰明了； 2. 颗道等细节刻画要清楚，缝边宽度控制要均匀，转角处理要合理； 3. 必要的符号标注要完整、清晰、指代明确，要有清晰的剪口标记； 4. 纱向线上要标注大衣的名称、版号、裁片数、规格代号； 5. 要保证必要的尺寸规格（尺寸规格可由任务布置者给定）			
任务完成时间	一个工作日（折合为 6 个学时，或由任务布置者给定）		

任务攻略

将任务一制作得到的女中长大衣版型图进一步处理。女中长大衣的净版制作需要注意各个缝合部位的对位细节，而毛版制作要注意缝份大小并控制均匀，而且在必要的位置要留有剪口标记。图 2-6-25、图 2-6-26 所示为使用 CAD 制作的女中长大衣工业样版（毛版和净版）。

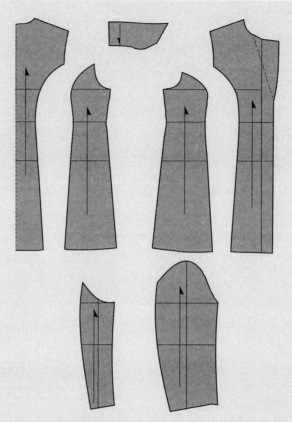

图 2-6-25 使用 CAD 制作的女中长大衣工业样版（毛版）

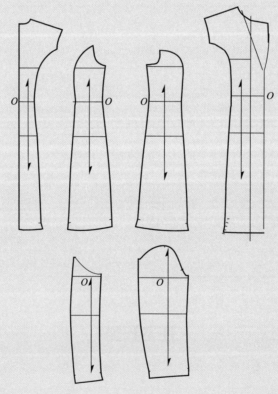

图 2-6-26 使用 CAD 制作的女中长大衣工业样版（净版）

任务三：女中长大衣 CAD 推档

工作任务单

任务名称	工作项目：大衣工业制版 子项目：大衣 CAD 制版 任务：女中长大衣 CAD 推档		
任务布置者		任务承接者	
工作任务： 使用 CAD 将前面的女中长大衣的单规格生产版转化为系列化生产版，任务以单人为单位进行，或者以工作小组（5 或 6 人/组）为单位进行。 提交材料： 以 CAD 为基本工具，绘制女中长大衣的推档网状总图，按 1:1 比例打印输出，并提交 CAD 文件。技术要求如下： 1. 每一档纸样的边缘线条要清晰、流畅； 2. 颡道等细节刻画要清楚，剪口标记要清晰； 3. 必要的符号标注要完整、清晰、指代明确； 4. 每个规格上要标注大衣的纱向线、剪口、名称、版号、裁片数、规格代号等必要信息； 5. 要保证必要的推档尺寸规格（尺寸规格可由任务布置者给定）			
任务完成时间	一个工作日（折合为 6 个学时，或由任务布置者给定）		

任务攻略

使用 CAD 软件做大衣推档，是非常快速的复制性操作。运用此法可以迅速得到大、中、小不同规格的系列化大衣样版。安排大衣推档任务时，可以选择女中长大衣的工业样版，按照给定的规格表进行操作。

（一）规格系列设置

规格系列设置见表 2-6-7。

表 2-6-7 规格系列设置

成品规格/cm 部位	号型	150	155	160	165	170	规格档差/cm
		76	80	84	88	92	
衣长		84	87	90	93	96	3
胸围		94	98	102	106	110	4
肩宽		40	41	42	43	44	1.2
袖长		54	55.5	57	58.5	60	1.5
袖口		27	28	29	30	31	1

注：1. 本规格系列为 5.4 系列；
　　2. 按照本规格系列推档，是以 160/84 号型规格作为中间号型绘制标准母版

（二）推档参考（图 2-6-27 ~ 图 2-6-30）

教师可以根据实际情况酌情安排本任务对学生进行考核，并制定考核评分标准。

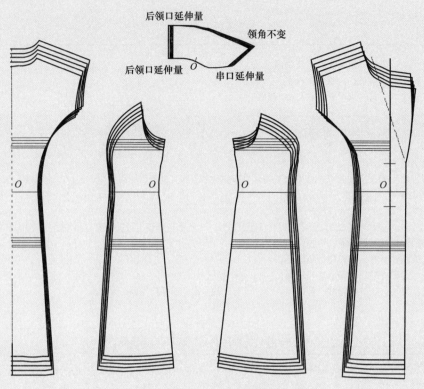

图 2-6-27 衣身、领子净版推档网状图

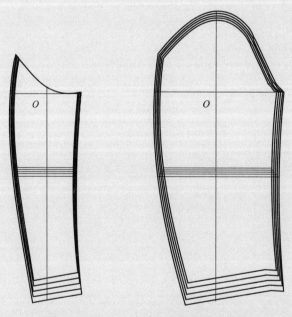

图 2-6-28 大、小袖片净版推档网状图

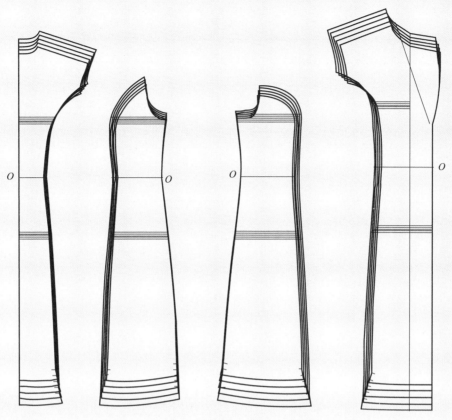

图 2-6-29 衣身毛版推档网状图

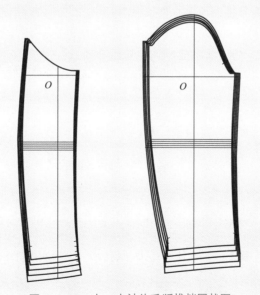

图 2-6-30 大、小袖片毛版推档网状图

任务四：女中长大衣 CAD 排料

工作任务单

任务名称	工作项目：大衣工业制版 子项目：大衣 CAD 制版 任务：女中长大衣 CAD 排料		
任务布置者		任务承接者	
工作任务： 使用 CAD 将指定款式女中长大衣系列化生产版进行排料设计，绘制出排料图，任务以单人为单位（也可根据实际情况分组）进行。 提交材料： 最后的作业结果以 CAD 文件的形式提交。技术要求如下： 1. 文件名要符合规范，制图线条要清晰、流畅，每一个裁片必要的符号标注要完整、清晰； 2. 排料要体现符合工艺要求和节省面料的基本原则； 3. 每一个裁片纱向线上要标注大衣的裁片名称、规格代号； 4. 要测量出用料的长度（布匹幅宽规格可由任务布置者给定）			
任务完成时间	一个工作日（折合为 6 个学时，或由任务布置者给定）		

任务攻略

使用 CAD 进行大衣排料具有速度快的优势。CAD 排料也有不如手工操作的方面，那就是面料的利用率比手工排料低，但是速度的优势完全可以弥补这方面的不足。教师可以根据需要，给学生布置 CAD 排料任务。图 2-6-31 所示就是使用 CAD 进行的女大衣排料任务示意（仅供参考）。

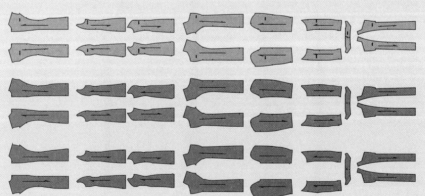

图 2-6-31 使用 CAD 进行的女中长大衣排料任务示意
注：每层排料的数量是 S 号 1 件、M 号 1 件、L 号 1 件。

图 2-6-32、图 2-6-33 所示分别是面料无倒顺区分的排料示意和面料有倒顺区分的排料示意。

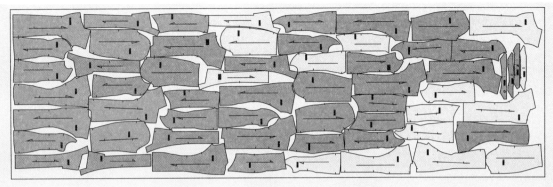

图 2-6-32　面料无倒顺区分的排料示意（幅宽 144 cm）

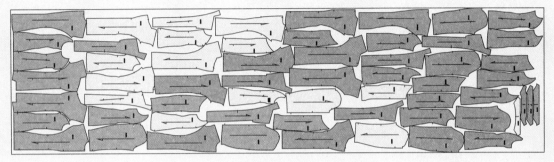

图 2-6-33　面料有倒顺区分的排料示意（幅宽 144 cm）

子项目四　大衣定制制版

知识目标　了解大衣版型设计如何操作、大衣常见的版型结构变化。

能力目标　掌握大衣数据量体采集能力、体型观察能力、版型调整能力。

素质目标　提升沟通能力、审美素质，具备精益求精的意识、坚持不懈的精神，对大衣合体与造型有完整的认识。

任务一：毛领女大衣定制制版

工作任务单

任务名称	工作项目：大衣工业制版 子项目：大衣定制制版 任务：毛领女大衣定制制版		
任务布置者		任务承接者	
工作任务： 根据企业给定的款式图和目标人体（顾客）进行毛领女大衣定制制版，任务以工作小组（5 或 6 人 / 组）为单位进行。 提交材料： 以牛皮纸等为制版材料，用 HB 制图铅笔绘制版型结构图。技术要求如下： 1. 图线要清晰、流畅，颡道等细节刻画要清楚； 2. 必要的符号标注要完整、清晰、指代明确； 3. 大衣的纱向线上要标注款号、裁片数、规格代号等必要信息； 4. 要在制作白坯样衣后试穿（若条件允许，可以制作实料样衣），适当修改后定版，并确定最终的尺寸规格数据			
任务完成时间	一个工作日（折合为 6 个学时，或由任务布置者给定）		

任务攻略

1. 款式特点

样式：外翻 V 形毛领，有腰带，衣身有纵向分割，四开身八片结构。图 2-6-34 为毛领女大衣款式图。

2. 参考规格（表 2-6-8）

表 2-6-8　参考规格　　　　　　　　　　　　　　单位：cm

身高（h）	前衣长（L）	胸围（B）	颈根围	肩宽	袖长（S_1）	袖口
160	82	106	38	42	59	28

3. 任务要求

（1）按照款式图绘制 1∶1 比例纸样并做出缝边（毛份）。款式不详的部分自行设计。

（2）面料裁片（前片、后片、袖片、领片）俱全。

（3）准确标出扣位（3 粒扣）。

（4）没有给定的部位尺寸自定。

（5）图面清晰，版型线与辅助线、基础线有明显区分。

教师可根据课堂教学情况在单元教学之后安排本任务对学生进行考核，评分标准可参考企业标准酌情制定。

图 2-6-34　毛领女大衣款式图

任务二：双排扣男大衣定制制版

工作任务单

任务名称	工作项目：大衣工业制版 子项目：大衣定制制版 任务：双排扣男大衣定制制版		
任务布置者		任务承接者	
工作任务： 根据企业给定的款式图和目标人体（顾客）进行双排扣男大衣的定制制版，任务以工作小组（5 或 6 人 / 组）为单位进行。 提交材料： 以牛皮纸等为制版材料，用 HB 制图铅笔绘制版型结构图。技术要求如下： 1. 图线要清晰、流畅，颡道等细节刻画要清楚； 2. 必要的符号标注要完整、清晰、指代明确； 3. 大衣的纱向线上要标注款号、裁片数、规格代号等必要信息； 4. 要在制作白坯样衣后试穿（若条件允许，可以制作实料样衣），在适当修改后定版，并确定最终的尺寸规格数据			
任务完成时间	一个工作日（折合为 6 个学时，或由任务布置者给定）		

任务攻略

1. 款式特点

样式：平驳头，前门襟直下摆，双排 4 粒扣，前身有两个竖向插袋。肩部有过肩式分割线。前、后身开公主线，袖口有装饰袢带。图 2-6-35 为双排扣男大衣款式图。

2. 参考规格（表 2-6-9）。

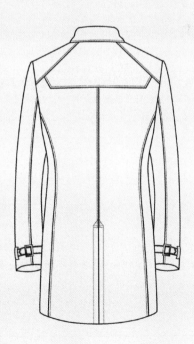

图 2-6-35　双排扣男大衣款式图

表 2-6-9　参考规格　　　　　　　　　　　　　　　　　　　　　　　　　　　　　　单位：cm

身高（h）	前衣长（L）	胸围（B）	肩宽	领座宽	翻领宽
170	86	116	48	3	4

3. 任务要求

（1）按照款式图绘制 1：1 比例纸样（带毛份）。款式不详的部分自行设计。

（2）面料裁片（前身、后身、大袖片、小袖片、领片、贴边）俱全。

（3）没有给定的部位尺寸自定。

（4）图面清晰，版型线与辅助线、基础线有明显区分。

（5）剪口、纱向等必要的标记要齐全。

（6）操作结果无须用剪刀剪下，绘图纸张要保存完好。

教师可根据课堂教学情况机动安排本任务对学生进行考核，评分标准可酌情制定。

任务三：翻驳领女大衣定制制版

工作任务单

任务名称	工作项目：大衣工业制版项目 子项目：大衣定制制版 任务：翻驳领女大衣定制制版		
任务布置者		任务承接者	
工作任务： 根据企业给定的款式图和目标人体（顾客），进行翻驳领女大衣的定制制版，任务以工作小组（5 或 6 人/组）为单位进行。 提交材料： 以牛皮纸等为制版材料，用 HB 制图铅笔绘制版型结构图。技术要求如下： 1. 图线要清晰、流畅，颡道等细节刻画要清楚； 2. 必要的符号标注要完整、清晰、指代明确； 3. 大衣的纱向线上要标注款号、裁片数、规格代号等必要信息； 4. 要在制作白坯样衣后试穿（若条件允许，可以制作实料样衣），在适当修改后定版，并确定最终的尺寸规格数据			
任务完成时间	一个工作日（折合为 6 个学时，或由任务布置者给定）		

任务攻略

1. 款式特点

样式：翻驳领，有腰带，衣身有纵向分割，四开身八片结构。图 2-6-36 为翻驳领女大衣款式图。

2. 参考规格（表 2-6-10）。

表 2-6-10　参考规格　　　　　　　　　　　　　　　　　　　　　　　　　　　　　　单位：cm

身高（h）	前衣长（L）	胸围（B）	颈根围	肩宽	袖长（S_1）	袖头
160	82	106	38	42	59	21

3. 任务要求

（1）按照款式图绘制1∶1比例纸样并做出缝边（毛份）。款式不详的部位（如背面）自行设计。

（2）面料裁片（前片、后片、袖片、领片）俱全。

（3）准确标出扣位（双排两粒扣）。

（4）没有给定的部位尺寸自定。

（5）图面清晰，版型线与辅助线、基础线有明显区分。

教师可根据课堂教学情况在单元教学之后安排本任务对学生进行考核，评分标准可参考企业标准酌情制定。

图 2-6-36　翻驳领女大衣款式图

重要提示：大衣工业制版的知识链接内容见本书第三部分"项目六　大衣工业制版"二维码资源。

项目七 连衣裙工业制版

连衣裙是指吊带背心和裙子连在一起的服装,属于裙装的一类。连衣裙在各种款式造型中被誉为"时尚皇后",是变化莫测、种类最多、最受青睐的款式。其中女式礼服则专指在礼仪、庆典和社交等庄重场合穿着的连衣裙。图 2-7-1 所示为连衣裙基本款式。

连衣裙是一个品种的总称,是年轻女孩喜欢的夏装首选。根据穿着对象的不同,有童式连衣裙和成人连衣裙。连衣裙还可以根据造型的需要,形成各种不同的轮廓和腰节位置。

本项目分为衣身原型设计、连衣裙版型结构设计、连衣裙生产版制作和连衣裙定制制版 4 个子项目。教师可根据实际需要,从中选择合适的子项目来安排教学。

子项目一 衣身原型设计

图 2-7-1 连衣裙基本款式

知识目标 了解衣身原型的概念,掌握衣身原型的设计思路、颡道处理方法。

能力目标 能熟练测量人体数据,根据数据以及人台制作原型首版,通过观察样衣矫正原型版。

素质目标 具备基本审美理念、精益求精的意识、吃苦耐劳的精神,细致耐心。

连衣裙的结构设计,可以通过瘦身原型直接转颡和切展得到,而且使用衣身原型来操作可以得到更高的效率。因此,衣身原型的设计和制作是很关键的。

连衣裙是特殊类型的女子服装,其以小批量、多款式、多变化的特点在市场上涌现,版型设计(也就是设计版制作)内容显得尤为重要,为了提高版型设计效率,企业普遍采用女装衣身原型为基本型,因此女装衣身原型的设计值得单独作为一个子项目来安排。

从合体的意义上来说，世界上不存在通用的原型，每个民族的服装都有自己对应的原型，每个地域的人群也一样，而且每个人在一生的不同时期其服装都有不同的原型。

从造型的意义上来说，世界上也没有统一的原型。原型可以有不同的造型风格，有局部夸张的原型，有特殊造型的原型。迄今为止，存在的欧美原型、日韩原型、中国原型等，是从造型风格的角度划分的。

原型既可以通过平面制图的方法获得，也可以通过立体裁剪的方式产生。本书重点推荐"平面制图+样衣调整"的方法，当然也鼓励直接采用立裁法获得，但依然强调要通过样衣调整来最终确定原型。

本子项目的教学重点在于让学生把握原型的本质，教师可以从以下两个任务中根据实际需要进行选择：女子适体衣身原型设计、女子瘦体衣身原型设计。

任务一：女子适体衣身原型设计

工作任务单

任务名称	工作项目：连衣裙工业制版 子项目：衣身原型设计 任务：女子适体衣身原型设计		
任务布置者		任务承接者	
工作任务： 根据调查摸底选中的试衣模特身材数据，胸围以10cm为放松量，绘制女子适体衣身原型的设计版，任务以工作小组（5或6人/组）为单位进行。 提交材料： 以白板纸为制版材料，用HB制图铅笔绘制版型结构图，最终剪下原型版上交作业。技术要求如下： 1. 图线要清晰、流畅，颡道以及分割线等细节刻画要清楚； 2. 必要的符号标注要完整、清晰、指代明确； 3. 原型片的纱向线上要标注原型名称、裁片数、尺寸等必要信息； 4. 要在制作样衣后试穿，适当修改后定版			
任务完成时间	一个工作日（折合为6个学时，或由任务布置者给定）		

任务攻略

1. 款式特点

（1）样式：领型为圆形无领，前、后腰部各有一道腰颡，前片有胸颡，后片有肩甲颡。图2-7-2为女子适体衣身原型款式图。

（2）胸围松量：10 cm。

2. 结构要点

（1）胸颡、肩甲颡和腰颡的结构处理。

（2）领口弧线和底摆曲线的设计。

3. 参考规格（表2-7-1）

表2-7-1　参考规格　　　　　　　　　　单位：cm

身高（h）	衣长（L）	胸围（B）	肩宽（S）	臀围（H）
160	62	94	37	96

图2-7-2　女子适体衣身原型款式图

4. 版型制图（图2-7-3）

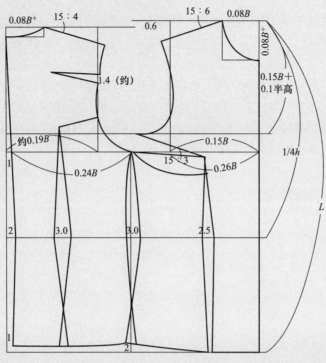

图2-7-3 女子适体衣身原型结构制图（仅供参考，单位：cm）

5. 任务建议

建议通过制作白坯样衣来观察初级版型的效果，依据合体需要和造型风格追求的不同，经过一次或多次调整，最后定版，作为适体型女装的基本原型使用，用来变化出各种适体女装的版型结构。图2-7-4所示为样衣试制并调整后的适体女装原型（参考）

女装衣身分割线的变化，就是依据原型的颡道设计原理，通过将颡道转移到衣身的不同部位来完成各种复杂版型结构设计的，具体可参考二维码资源。

女装衣身分割线的变化

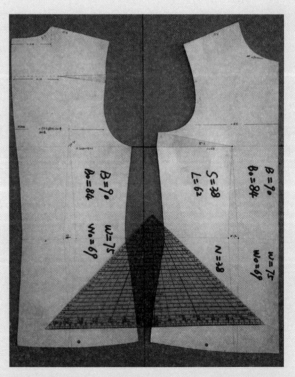

图2-7-4 样衣试制并调整后的适体女装原型（参考）

任务二：女子瘦体衣身原型设计

工作任务单

任务名称	工作项目：连衣裙工业制版 子项目：衣身原型设计 任务：女子瘦体衣身原型设计		
任务布置者		任务承接者	
工作任务： 　根据调查摸底选中的试衣模特身材数据，胸围以4cm为放松量，绘制女子瘦体衣身原型的设计版，任务以工作小组（5或6人/组）为单位进行。 提交材料： 以白板纸为制版材料，用HB制图铅笔绘制版型结构图，最终剪出原型版上交作业。技术要求如下： 1. 图线要清晰、流畅，颡道以及分割线等细节刻画要清楚； 2. 必要的符号标注要完整、清晰、指代明确； 3. 原型片的纱向线上要标注原型名称、裁片数、尺寸等必要信息； 4. 要在制作样衣后试穿，适当修改后定版			
任务完成时间	一个工作日（折合为6个学时，或由任务布置者给定）		

任务攻略

1. 款式特点

（1）样式：领型为圆形无领，前、后腰部各有两道腰颡，前片有胸颡并有胸托结构，后片有肩甲颡。图2-7-5为女子瘦体衣身原型款式图。

（2）胸围松量：不超过4 cm。对于微弹面料或者在需要塑身的情况下，胸围松量可以取负值，即成品胸围小于人体胸围。

2. 结构要点

（1）胸颡增大为15∶5（胸颡角度的余切值），并且设置在肩端点。

（2）增加了胸高和胸距控制数据，导致胸围线与袖窿深线不再重合。

（3）胸围线下方约7 cm处为下胸围线，增加了下胸围控制数据，直接导致胸托结构产生。

（4）增设前中颡约1 cm，对肩甲颡和腰颡进行结构处理。

（5）增设了前、后胁下直颡，强化了腰部的贴体性。

（6）腰部原来的颡和撇都保留，但数值适度减小，以保证腰部的基本活动量。

3. 参考规格（表2-7-2）

表2-7-2　参考规格　　　　　　　　单位：cm

身高 (h)	衣长 (L)	胸围 (B)	肩宽 (S)	臀围 (H)	胸高	胸距	下胸围	腰围
160	62	84	37	86	25	18	72	62

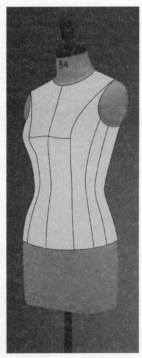

图2-7-5　女子瘦体衣身原型款式图

4. 版型制图（图2-7-6、图2-7-7）

5. 任务建议

建议通过制作实料样衣（至少是白坯样衣）来观察初级版型的效果，依据高度合体需要和塑型追求的不同，经过一次或多次调整和修改，最后定版，作为瘦体型女装的基本原型备用，该瘦体衣身原型可以用来设计各种瘦身连衣裙以及晚礼服等瘦身女装的版型结构。

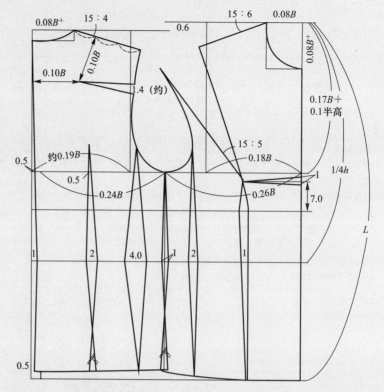

图 2-7-6 女子瘦体衣身原型结构框架制图（仅供参考，单位：cm）

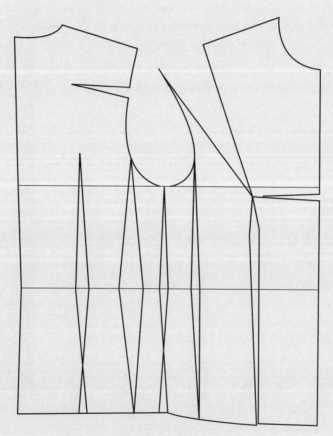

图 2-7-7 女子瘦体衣身原型结构完成图

子项目二 连衣裙版型结构设计

知识目标 了解连衣裙版型设计如何操作、连衣裙常见版型结构变化。

能力目标 掌握连衣裙颡道设置与转移能力、分割线设计与调整能力、空间造型能力。

素质目标 提升审美素质,具备精益求精的意识、坚持不懈的精神、团队协作理念。

连衣裙的版型结构设计,可以通过瘦身原型直接转颡和切展得到,也可以直接通过常规连衣裙的数学模型直接进行变化。本着效率至上的原则,这里推荐使用原型变化来实现连衣裙的版型设计。

本子项目可供参考的任务有两个,分别是 V 形领口连衣裙版型设计、不等式礼服连衣裙设计。授课教师可以根据实际情况从中选择。

任务一:V 形领口连衣裙版型设计(推荐选项)

工作任务单

任务名称	工作项目:连衣裙工业制版 子项目:连衣裙版型结构设计 任务:V 形领口连衣裙版型设计		
任务布置者		任务承接者	
工作任务: 根据企业给定的款式图和参考尺寸,绘制 V 形领口连衣裙的设计版,任务以工作小组(5 或 6 人 / 组)为单位进行。 提交材料: 以牛皮纸为制版材料,用 HB 制图铅笔绘制版型结构图。技术要求如下: 1. 图线要清晰、流畅; 2. 颡道、口袋以及分割线等细节刻画要清楚; 3. 必要的符号标注要完整、清晰、指代明确; 4. 连衣裙裁片的纱向线上要标注款号、裁片数、规格代号等必要信息; 5. 要在制作样衣后试穿,适当修改后定版			
任务完成时间	一个工作日(折合为 6 个学时,或由任务布置者给定)		

任务攻略

1. 款式特点

(1)样式:领型为 V 形无领,领口开到胸下。领口和五分短袖均装有飞边。腰部有类腰封装饰,裙摆外呈 A 字形。图 2-7-8 为 V 形领口连衣裙款式图。

(2)胸围松量:小于 10 cm。

2. 版型要点

(1)可以考虑用瘦体原型进行颡道转移和切展变化。

(2)领口和袖子的结构处理要到位。

(3)胸颡适当转移。

3. 参考规格（表2-7-3）

表2-7-3 参考规格　　　　　　　　　　　　　　　　　　　　单位：cm

身高（h）	衣长（L）	胸围（B）	袖长（S_1）	肩宽（S）	袖口
160	约96	约84	约25	约37	酌情

4. 版型设计（仅供参考，见图2-7-9～图2-7-13）

5. 任务建议

建议通过制作样衣来观察初级版型的效果，经过一次或多次调整，最后定版。由于此款连衣裙属于瘦体风格，样衣存在的细节问题较多，教师应该敦促学生耐心推敲，反复调整。当然，教师也可以酌情提出修改意见。此类场景参考相关的二维码资源。

图2-7-8 V型领口连衣裙款式图

连衣裙样衣试穿

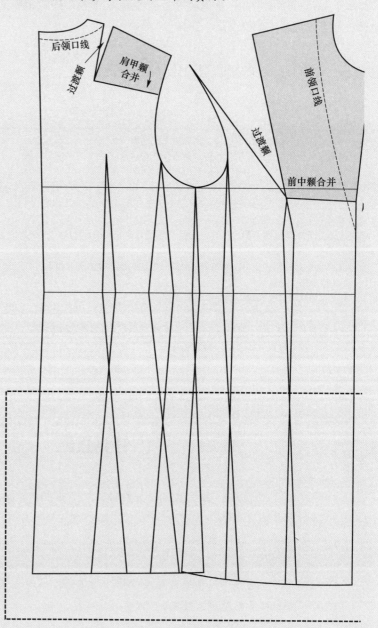

图2-7-9 V形领口连衣裙版型设计（一）

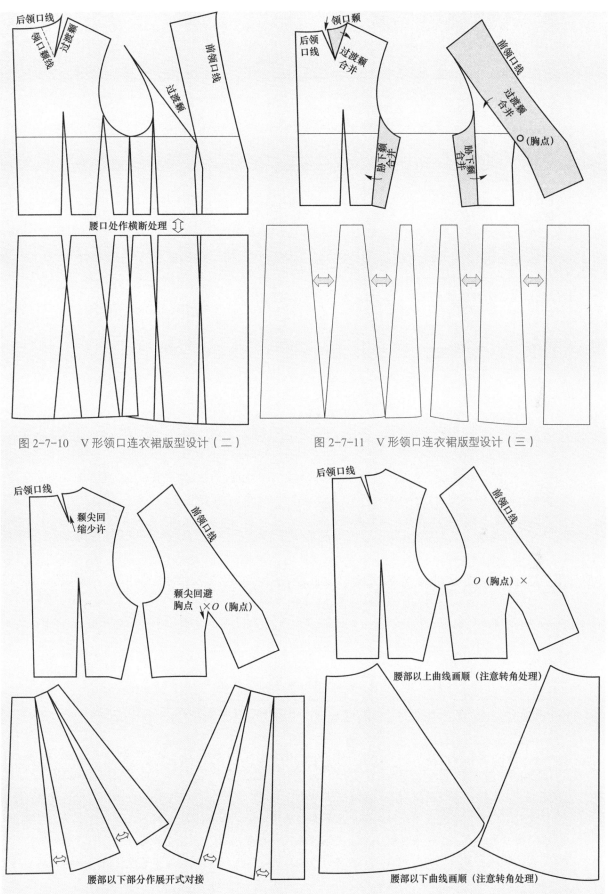

图 2-7-10　V形领口连衣裙版型设计（二）

图 2-7-11　V形领口连衣裙版型设计（三）

图 2-7-12　V形领口连衣裙版型设计（四）

图 2-7-13　V形领口连衣裙版型设计（五）

任务二：不等式礼服连衣裙设计

工作任务单

任务名称	工作项目：连衣裙工业制版 子项目：连衣裙版型结构设计 任务：不等式礼服连衣裙设计		
任务布置者		任务承接者	
工作任务： 根据企业给定的款式图和参考尺寸，绘制不等式礼服连衣裙的设计版，任务以工作小组（5或6人/组）为单位进行。 提交材料： 以牛皮纸为制版材料，用HB制图铅笔绘制版型结构图。技术要求如下： 1. 图线要清晰、流畅； 2. 颚道、口袋以及分割线等细节刻画要清楚； 3. 必要的符号标注要完整、清晰、指代明确； 4. 连衣裙裁片的纱向线上要标注款号、裁片数、规格代号等必要信息； 5. 要在制作样衣后试穿，适当修改后定版			
任务完成时间	一个工作日（折合为6个学时，或由任务布置者给定）		

任务攻略

1. 款式特点

（1）样式：领型为无领，袖型为无袖。前衣片无中缝，在一侧设置分割颚道，并夹缝大量碎褶。后衣片有中缝，并在该缝隙安装长拉链（及臀），下摆紧窄。

图2-7-14为不等式礼服连衣裙款式图。

（2）胸围松量：远小于10 cm。

2. 版型要点

（1）一侧保留公主线结构，并转化为颚分割。

（2）公主颚一侧进行展开式设计，容纳大量碎褶。

（3）面料带有弹性，原型结构可以从简。

3. 参考规格（表2-7-4）

表2-7-4 参考规格　　　　　　　　　单位：cm

身高（h）	衣长（L）	胸围（B）	肩宽（S）	臀围（H）
160	约90	约88	38	约94

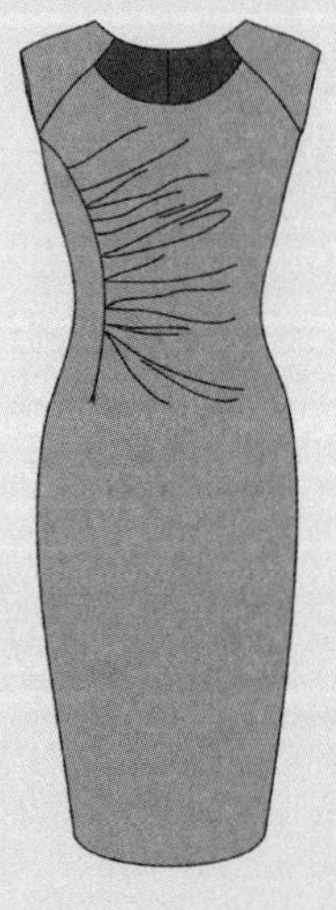

图2-7-14 不等式礼服连衣裙款式图

4. 版型制图

由于本款连衣裙使用的是弹性材料，可以利用简化的瘦体原型进行切展变化。首先要将放松量较小的瘦体原型进行简化，简化后的原型结构与适体原型结构类似（只有松量不同），然后将前片原型左、右片拼合成一片，将胸颚转移到袖窿以后，沿着左侧的分割线作展开处理，得到该款连衣裙的基本版型结构。图2-7-15、图2-7-16所示分别为不等式礼服连衣裙切展前结构演化和不等式礼服连衣裙版型设计。

5. 任务建议

必须通过制作样衣来观察初级版型的效果，经过一次或多次调整，最后定版。定版之前应由企业人员参与审核。

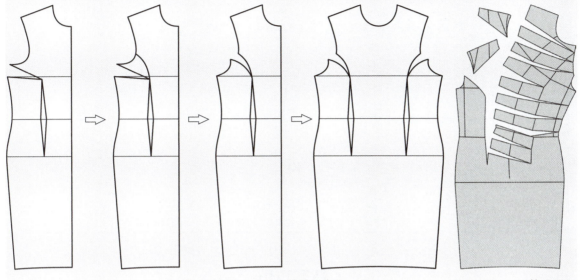

图 2-7-15　不等式礼服连衣裙切展前结构演化　　图 2-7-16　不等式礼服连衣裙版型设计

子项目三　连衣裙生产版制作

知识目标　了解连衣裙净版和毛版如何制作、连衣裙如何推档、连衣裙如何排料。

能力目标　掌握连衣裙缝份加放能力、规格设计能力、推档能力、排料能力。

素质目标　提升审美素质，具备精益求精的意识、坚持不懈的精神，细节刻画态度认真。

当连衣裙的首版经过样衣试制、试穿并修改多次以后，一旦确认可以定版，接下来就要进入生产版制作阶段了。生产版主要包括净版和毛版两部分。生产版制作在企业中往往需要由专人来完成，在社会上有很多版房都在为企业提供制作生产版的专项服务。这部分内容不是本书的重点，因此可以酌情安排此项目。

连衣裙净版一般作为工艺操作过程中的斧正样版，属于工艺辅助样版的范畴。该类样版要求尺寸精确，所用材料要坚韧，容易保存。净版一般都可以反映出连衣裙的基本版型。

虽然连衣裙的打版自由度比较高，但要根据款式要求和工艺要求来进行。下面以前面任务中的连衣裙版型设计方案为例来说明连衣裙的生产版情况。本子项目包括两个典型工作任务，可以酌情安排和调整。

任务一：V形领口连衣裙生产版（含净版和毛版）的制作

工作任务单

任务名称	工作项目：连衣裙工业制版 子项目：连衣裙生产版制作 任务：V形领口连衣裙生产版（含净版和毛版）的制作		
任务布置者		任务承接者	
工作任务： 将前面的单规格V形领口连衣裙设计版制作成生产版，任务以工作小组（5或6人/组）为单位进行。 提交材料： 以牛皮纸为制版材料。技术要求如下： 1. 图线要清晰、流畅，图面要整洁； 2. 颡道和结构线等细节刻画要清楚，缝边处理要规范； 3. 必要的符号（尤其是剪口）标注要完整、清晰、指代明确； 4. 纱向线上要标注连衣裙的名称、版号、裁片数、规格代号； 5. 要保证必要的尺寸规格			
任务完成时间		一个工作日（折合为6个学时，或由任务布置者给定）	

任务攻略

V形领口连衣裙净版和毛版的制作任务布置，可以参考V形领口连衣裙版型设计，只要根据工艺要求作适当的缝制标记和缝边即可，其中净版可以用作工艺辅助样版。图2-7-17、图2-7-18所示分别为V形领口连衣裙净版制作和毛版制作（主要衣片）。

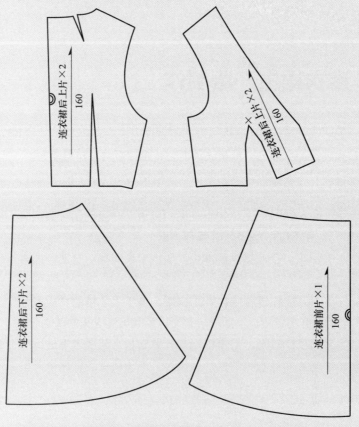

图2-7-17　V形领口连衣裙净版制作（主要衣片，单位：cm）

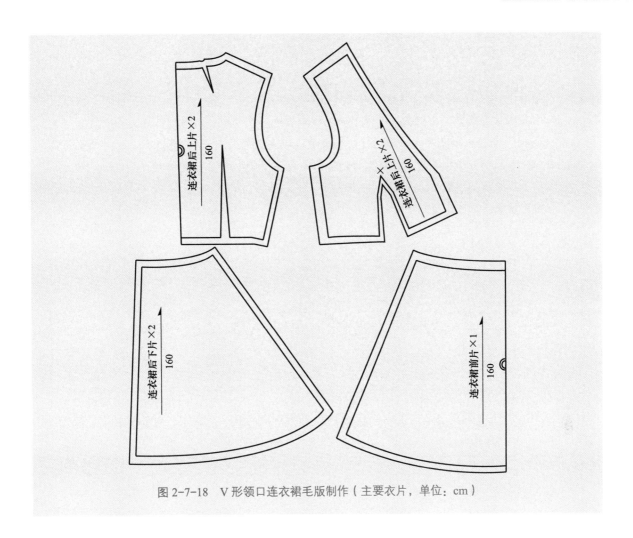

图 2-7-18　V 形领口连衣裙毛版制作（主要衣片，单位：cm）

任务二：V 形领口连衣裙推档

工作任务单

任务名称	工作项目：连衣裙工业制版 子项目：连衣裙生产版制作 任务：V 形领口连衣裙推档		
任务布置者		任务承接者	
工作任务： 将前面的单规格 V 形领口连衣裙生产版（含净版和毛版）转化为系列化生产版，任务以工作小组（5 或 6 人/组）为单位进行。 提交材料： 以牛皮纸为制版材料，用 0.5mm 自动铅笔绘制 V 形领口连衣裙的推档网状总图。技术要求如下： 1. 单档图线和系列图线要清晰、流畅； 2. 分割线等细节刻画要清楚，剪口标记要清晰； 3. 必要的符号标注要完整、清晰、指代明确； 4. 每个规格上要标注 V 形领口连衣裙的纱向线、剪口、名称、版号、裁片数、规格代号等必要信息； 5. 要保证必要的推档尺寸规格			
任务完成时间	一个工作日（折合为 6 个学时，或由任务布置者给定）		

任务攻略

V形领口连衣裙的推档,可以根据相似形放大和缩小的原理进行操作。平日用规格表进行推档的操作方式,实际上是相似形推档的近似表达。只要把可以投产的V形领口连衣裙样版进行大小规格不等的系列化制作,实际上就已经完成了推档操作。V形领口连衣裙的推档要兼顾两大原则:便捷性和保型性。我国的服装号型系列标准可以作为V形领口连衣裙推档的重要依据。任课教师给学生布置推档任务时,可以参考V形领口连衣裙的推档任务。

(一)规格系列设置

规格系列设置见表2-7-5。

表2-7-5 规格系列设置

成品规格/cm 部位	号型	150	155	160	165	170	规格档差/cm
		76	80	84	88	92	
衣长		90	93	96	99	102	2
胸围		80	84	88	92	96	4
袖长		22	23.5	25	26.5	28	1.5
肩宽		35	36	37	38	39	1

注:1. 本规格系列为5.4系列;
  2. 按照本规格系列推档,是以160/84号型规格作为中间号型绘制标准母版

(二)推档总图(图2-7-19)

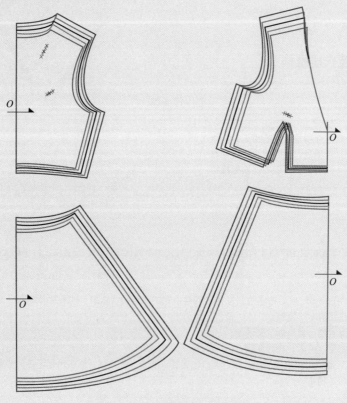

图2-7-19 主要衣片推档总图

任务三：V形领口连衣裙排料

工作任务单

任务名称	工作项目：连衣裙工业制版 子项目：连衣裙生产版制作 任务：V形领口连衣裙排料		
任务布置者		任务承接者	
工作任务： 将前面制作出来的V形领口连衣裙系列化生产版剪出纸样，并进行排料设计，绘制出排料图。任务以工作小组（5或6人/组）为单位进行。 提交材料： 以牛皮纸为制版材料，用铅笔绘制V形领口连衣裙排料图。技术要求如下： 1. 图线要清晰、流畅，每一个裁片必要的符号标注要完整、清晰； 2. 排料要体现符合工艺要求和节省面料的基本原则； 3. 每一个裁片纱向线上要标注V形领口连衣裙的裁片名称、规格代号； 4. 要测量出用料的长度（布匹幅宽规格可由任务布置者给定）			
任务完成时间	一个工作日（折合为6个学时，或由任务布置者给定）		

任务攻略

本任务非必选任务，教师可以根据教学需要进行安排，方法可以参考前面的其他项目，本书不单独提供参考排料图。

连衣裙等多重循环的项目教学过程中，核心教学目标是培养能力，教师在安排连衣裙排料教学任务时，可以参考企业中的排料任务，针对具体的面料幅宽进行布置，排料的基本原则是在保证纱向正确的情况下，尽可能节省面料。图2-7-20所示为V形领口连衣裙主要衣片排料。

值得说明的是，连衣裙的生产版制作项目可以采用手工操作模式，也可以直接搬到CAD平台上进行。任课教师可以根据实际情况灵活安排。

图2-7-20 V形领口连衣裙主要衣片排料

子项目四 连衣裙定制制版

知识目标 了解连衣裙版型设计如何操作、连衣裙常见的版型结构变化。

能力目标 掌握连衣裙数据量体采集能力、体型观察能力、版型调整能力。

素质目标 提升沟通能力、审美素质，具备精益求精的意识、坚持不懈的精神，建立对连衣裙合体与造型的认识。

任务一：飞边坎袖连衣裙定制制版

工作任务单

任务名称	工作项目：连衣裙工业制版 子项目：连衣裙定制制版 任务：飞边坎袖连衣裙定制制版		
任务布置者		任务承接者	
工作任务： 根据企业给定的款式图和目标人体（顾客），进行飞边坎袖连衣裙的定制制版，任务以工作小组（5或6人/组）为单位进行。 提交材料： 以牛皮纸等为制版材料，用HB制图铅笔绘制版型结构图。技术要求如下： 1. 图线要清晰、流畅，颡道等细节刻画要清楚； 2. 必要的符号标注要完整、清晰、指代明确； 3. 连衣裙的纱向线上要标注款号、裁片数、规格代号等必要信息； 4. 要在制作白坯样衣后试穿（若条件允许，可以制作实料样衣），在适当修改后定版，并确定最终的尺寸规格数据			
任务完成时间		一个工作日（折合为6个学时，或由任务布置者给定）	

任务攻略

1. 款式特点

样式：V形无领，坎袖装飞边，有腰封，腰封下有飞边，上部衣身有碎褶，腰下为百褶裙结构。图2-7-21为飞边坎袖连衣裙款式图。

2. 参考规格（表2-7-6）。

表2-7-6 参考规格   单位：cm

身高（h）	衣长（L）	胸围（B）	人体净肩宽
160	100	94	37

3. 任务要求

（1）按照款式图绘制1∶1比例纸样并做出缝边（毛份）。款式不详的部分自行设计。

图2-7-21 飞边坎袖连衣裙款式图

（2）面料裁片（前片、后片、袖片、领片）俱全。
（3）准确标出褶裥位。
（4）没有给定尺寸的部位尺寸自定。
（5）图面清晰，版型线与辅助线、基础线有明显区分。
教师可以在单元教学完成后安排任务对学生进行考核，评分标准可参考企业质量标准酌情制定。

任务二：肩部扎花连衣裙定制制版

工作任务单

任务名称	工作项目：连衣裙工业制版 子项目：连衣裙定制制版 任务：肩部扎花连衣裙定制制版		
任务布置者		任务承接者	
工作任务： 根据企业给定的款式图和目标人体（顾客），进行肩部扎花连衣裙的定制制版，任务以工作小组（5或6人/组）为单位进行。 提交材料： 以牛皮纸等为制版材料，用HB制图铅笔绘制版型结构图。技术要求如下： 1. 图线要清晰、流畅，颡道等细节刻画要清楚； 2. 必要的符号标注要完整、清晰、指代明确； 3. 连衣裙的纱向线上要标注款号、裁片数、规格代号等必要信息； 4. 要在制作白坯样衣后试穿（若条件允许，可以制作实料样衣），在适当修改后定版，并确定最终的尺寸规格数据			
任务完成时间	一个工作日（折合为6个学时，或由任务布置者给定）		

任务攻略

1. 款式特点

样式：肩带式坎袖，肩部扎花，V形领口呈左右交叠，腰部有腰封；腰部以下为太阳裙。图2-7-22为肩部扎花连衣裙款式图。

2. 参考规格（表2-7-7）。

表2-7-7 参考规格   单位：cm

身高（h）	全衣长（L）	胸围（B）	人体净肩宽
160	130	94	37

3. 任务要求

（1）按照款式图绘制1:1比例纸样（带毛份）。款式不详的部分自行设计。

（2）面料裁片数量准确。

（3）没有给定尺寸的部位尺寸自定。

图2-7-22 肩部扎花连衣裙款式图

（4）图面清晰，版型线与辅助线、基础线有明显区分。

（5）剪口、纱向等必要的标记要齐全。

教师可以机动安排任务对学生进行考核，评分标准可酌情制定。

任务三：无领无袖连衣裙定制制版

工作任务单

任务名称	工作项目：连衣裙工业制版 子项目：连衣裙定制制版 任务：无领无袖连衣裙定制制版		
任务布置者		任务承接者	
工作任务： 根据企业给定的款式图和目标人体（顾客），进行无领无袖连衣裙的定制制版，任务以工作小组（5或6人/组）为单位进行。 提交材料： 以牛皮纸等为制版材料，用HB制图铅笔绘制版型结构图。技术要求如下： 1. 图线要清晰、流畅，颡道等细节刻画要清楚； 2. 必要的符号标注要完整、清晰、指代明确； 3. 连衣裙的纱向线上要标注款号、裁片数、规格代号等必要信息； 4. 要在制作白坯样衣后试穿（若条件允许，可以制作实料样衣），在适当修改后定版，并确定最终的尺寸规格数据			
任务完成时间	一个工作日（折合为6个学时，或由任务布置者给定）		

任务攻略

1. 款式特点

样式：无领无袖，颈根部保留环状领圈，有弹性腰封，腰部以下为太阳裙。图2-7-23为无领无袖连衣裙款式图。

2. 参考规格（表2-7-8）。

表2-7-8 参考规格　　　　单位：cm

身高(h)	前衣长(L)	胸围(B)	颈根围	肩宽	袖长	袖头
160	82	96	38	42	59	21

图2-7-23　无领无袖连衣裙款式图

3. 任务要求

（1）按照款式图绘制1:1比例纸样并做出缝边（毛份）。款式不详的部位（如背面）自行设计。

（2）面料裁片数量完整。

（3）没有给定尺寸的部位尺寸自定。

（4）图面清晰，版型线与辅助线、基础线有明显区分。

教师可以在单元教学完成后安排任务对学生进行考核，评分标准可参考企业质量标准酌情制定。

重要提示：连衣裙工业制版的知识链接内容见本书第三部分"项目七　连衣裙工业制版"二维码资源。

第三部分
服装工业制版基础资源包

服装工业制版各个项目的操作，都需要能力和知识的储备作为支撑。能力在日常的训练以及今后的实际工作中会不断累积，这里不再赘述。知识基于篇幅的限制，集中在本部分介绍。虽然所罗列的知识未必齐全，但典型的、能够折射新设计理念的关键知识已尽可能列出。以下是关于第二部分7个制版项目的补充性知识链接，希望对学习者有所帮助。

项目一 裙子工业制版

项目二 裤子工业制版

项目三 衬衫工业制版

项目四 夹克工业制版

项目五 西服工业制版

项目六 大衣工业制版

项目七 连衣裙工业制版

参考文献

［1］潘波，赵欲晓．服装工业制板［M］．北京：中国纺织出版社，2010．

［2］中国服装网：http：//www.china1f.com．

［3］中华服装网：http：//www.dresschina.com．